¿Dónde Está Mi Hijo?

Jaime Ordenes Fernández

Daniel Ordenes Torres

¿Dónde Está Mi hijo?

Copyright © 08/28/2024 Jaime Ordenes Fernández

Todos los derechos reservados.

ISBN 9798339011064/CRIN (Chile): número solicitud zmkzkc

DEDICATORIA

Para mi esposa Carolina y mis hijas Paula y Francisca con mucho amor y cariño del fondo de mi corazón. Este es un trabajo que he desarrollado con la ayuda de mi hijo Daniel, el cual colaboro activamente junto a otros espíritus que me canalizaron mucho de lo que aquí se explica. De parte de ellos, también se los dedico a los futuros lectores y a mi esposa e hijos.

Índice

Introducción 2

Capitulo Uno 6

    Universo: Daniel Ordenes Torres 6

Capitulo Dos 26

    Campo de Tiempo Universal 26

Capitulo Tres 42

    Cambio de Coordenadas 42

Capitulo Cuatro 58

    Relatividad especial en el universo DOT 58

Capitulo Cinco 82

    Relatividad general y universo DOT 82

Capitulo Seis 100

    ¿Existe más de un cascaron del presente? 100

Capitulo Siete 120

    La Reencarnación 120

Capitulo Ocho 128

    Agujeros negros en universo DOT 128

Capitulo Nueve 140

    ¿Dónde está mi Hijo? 140

Capitulo Diez 150

El Juego de Video 150
Capítulo 11 154
   La Película 154
Anexo 158
Articulo Científico 158

Introducción

En este libro se cuenta una historia de un maravilloso hijo que dejó su cuerpo, para luego su espiritu emprender un viaje a un universo donde pueden seguir viviendo, los espíritus que han abandonado sus cuerpos. Los padres y hermanos que nos quedamos en este universo de cuerpos encarnados con espíritus, nos hacemos la pregunta que da origen a este libro. Las respuestas que se busca no es una compensación de la pérdida, es una búsqueda real para encontrar un espacio físico donde se manifiestan los espíritus, basados en un antiguo libro escrito por un francés de seudónimo Allan Kardec, quien fue el primero que intentó fundar una ciencia, que trata del mundo que hay cuando los espíritus abandonan nuestros cuerpos.

Este libro puede ser considerado una obra complementaria a la obra de este científico francés, guardando las proporciones, pero con el adicional que el autor decide enfrentar a la física clásica, representada por dos de sus más ilustres científicos, Isaac Newton y Albert Einstein, con sus teorías, para lograr este objetivo recorre un camino entre dos veredas, lo clásico en una vereda, en la vereda opuesta la ciencia espirita. En la vereda de la ciencia clásica, en este libro se parte en sus tres primeros capítulos construyendo un sistema de coordenadas para el universo que tiene el nombre de universo DOT, en honor a mi hijo, este nuevo universo tiene en su base de construcción seis dimensiones, las cuales son explicadas de manera que cualquier lector sin una base matemática las pueda entender, junto a estas seis dimensiones, se describen al menos veinte adicionales que se han denominado dimensiones auxiliares. Luego de construido el esqueleto del universo DOT, se hace el ejercicio intelectual de comprobar que es posible que las teorías de la relatividad y gravitación puedan trabajar en este universo, todo esto se hace con una explicación de tal manera que un lector sin bases matemáticas pueda comprender, solo es una descripción conceptual en la que el escritor lleva de la mano a los lectores para que sean ellos los que entiendan como trabaja este universo con las teorías de estos dos científicos.

En el camino al tener este universo de seis dimensiones, los lectores van entendiendo como trabaja y son convertidos en un observador omnipresente de todo el espacio tiempo, en esta última palabra hay un nuevo significado en este libro, en todo tiempo significa, que el lector puede observar el universo en el presente, pasado y futuro o al menos tener la herramienta para poder tener esta cualidad.

Luego de construido este universo ubicamos como un producto que se da de manera naturalmente, un espacio casi paralelo al nuestro, en el cual, según el autor es donde viven los espíritus de nuestros seres queridos. En este nuevo espacio se cumplen las leyes especiales de la física, tal vez modificadas para el universo de los espíritus.

La búsqueda recién comienza en la trama de este libro debido que luego de construir este espacio, lo que ahora tenemos es una especie de mapa donde están nuestros seres queridos y como se ha señalado tal afirmación se complementa con lo que en el libro de los Espíritus habla

Allan Kardec. Mi hijo está vivo, hay un mundo y un universo que existe paralelo al nuestro y esa es la respuesta a la que invito a los lectores a realizar el ejercicio intelectual de leer este libro, el cual puede ser una alternativa de como creemos cada uno lo que ocurre cuando abandonamos el mundo de los cuerpos con espiritu.

En cada capítulo comienzo con una pequeña historia de la vida de mi hijo Daniel, para que los lectores lo conozcan al que da nombre al universo que se describe y me dio el motivo de que lo escribiera.

Todos los que hemos tenido una pérdida de un ser querido y en especial la de un hijo quedamos en un estado entre la realidad y la somnolencia, a los pocos días de trascurrido el cambio de estado de nuestro hijo comienzan a ocurrir hechos que la física y la ciencia clásica no puede explicar, es ahí que de alguna manera llega a nuestras manos los libros de este científico francés del siglo diecinueve, a eso se le suma el conocimiento del que escribe de las leyes de la física, entre esos mundos surge la respuesta de este libro que lo siento como un encargo de los espíritus trascendidos, en verdad creo que en más de un ocasión mis manos han escrito cosas que por mí solo jamás hubiese imaginado, el inventar un universo no es una cosa sencilla, menos contrastar su funcionamiento y exponer este universo a las leyes de la ciencia clásica.

En varias ocasiones me he cuestionado, preguntándome, ¿Pero qué estás haciendo?, o diciendo esa respuesta es imposible que la puedas dar, como vas a hacer trabajar este universo, por ejemplo, con relatividad especial, o como trabaja este universo con energía oscura, u otras preguntas que en mis noches he recibido esas respuestas. Finalmente, este es un ejercicio intelectual, filosófico, no afirmo en ningún caso que el universo que aquí se describe sea nuestro universo, es más durante el libro se hace una clara separación de cuando hablamos del universo DOT y el que los físicos dicen que vivimos, el nuestro.

Hay dos sub productos de este ejercicio intelectual, el primero, este universo se puede usar para diseñar juegos de video y hay un capítulo que explicó cómo debería ser este juego de video, el otro sub producto el cual no es tan novedoso, es que este universo también se puede usar para el guion de una película, hay muchas tramas de películas que hablan de viajes en el tiempo, la diferencia es que en este universo no se necesita viajar más rápido que la luz, para ir de un lugar a otro para no violar las leyes de la física. También hay un capítulo que explica este subproducto de este libro.

Capítulo Uno

Universo: Daniel Ordenes Torres

Han pasado ya casi 3 años de la muerte de mi hijo Daniel, la muerte de un hijo es lo más triste que le puede ocurrir a un padre y una madre, podría escribir mucho o escribir nada del sentimiento que acongoja a los padre y hermanos que sufren la pérdida de un ser querido, pero he decidido tomar un camino diferente, muy propio del estilo de vida que he llevado y de las decisiones que he tomado en ella, por eso elijo preguntarme: ¿Dónde está mi hijo Daniel?

Esta pregunta pareciera no tener sentido, las respuestas existen, se escuchan muchas veces en los familiares y amigos que te tratan de dar consuelo, hace muchos años lo seres humanos nos dimos cuenta de que somos más que un cuerpo material, hay un ser espiritual dentro de nosotros que nos hace ser quienes somos y dicta nuestras decisiones en este trayecto de tiempo denominado vida.

Mucho tiempo atrás me tocó escuchar una discusión entre un ser humano auto denominado ateo, es decir, no cree en dios y en nada, solo los dictámenes de la ciencia y el azar, con un sacerdote de la religión católica, que además tenía un doctorado en física cuántica, este le dijo lo siguiente al ateo, existen cuatro fuerzas fundamentales en la naturaleza física de la materia, además de doce partículas fundamentales, la física puede explicar con estas fuerzas y estas partículas, el funcionamiento del átomo y la materia, se atreve incluso a explicar cómo funciona casi todo en el universo, por eso, los físicos las denominamos partículas y fuerzas fundamentales, pero el sacerdote continúo, le dijo: Pero con eso no se puede explicar el amor, lo sentimientos de nosotros, e incluso tampoco el de los animales que tienen sentimientos hacia sus amos, acto seguido en la conversación le solicitó al ateo que le explicara entonces: ¿Cómo él las podía explicar?, ¿ el amor y los sentimientos?, dándole a entender que el cómo científico no lo sabía hacer, en su pregunta desafiaba al ateo a dar un explicación científica de lo que él acababa de preguntar.

No hubo respuesta solo silencio, él hombre ateo no encontró ninguna forma de dar respuesta a lo planteado por el sacerdote y en opinión del que escribe este libro, no hay discusión, somos mucho más que solo materia y átomos, somos un espíritu encarnado en un cuerpo, cuando dejamos el cuerpo material, se queda el espíritu, en estas páginas de este libro se trata de buscar donde está mi hijo, o más explícitamente, donde está el espíritu de mi hijo, no como un concepto, tampoco como un sentimiento paliativo para poder mitigar la pérdida. **¡Es una busca real de donde está!**

Antes de continuar les presentaré a mi hijo: Daniel tenía 23 años cuando dejó este mundo material, fallece un 19 de octubre del año 2021, el nace en Viña del Mar en este lindo país llamado Chile, un día 25 de julio del año 1998 , su madre es Carolina Torres Carvajal y sus dos hermanas, Paula y Francisca, mayores que él, fue un niño tímido toda su vida, de esas personas que luego de conocer, en tu interior dices una expresión como: " Este niño es bueno de adentro", un ángel que con su cara de tes blanca traslucía sus estados de ánimos, su creatividad la volcó de muy temprana edad en un dominio asombrosos de los ladrillos legos, con ellos fabricaba los muebles de las casas que solo existían en la imaginación de mis hijos Daniel y Francisca, ellos dos, por cercanía de edad desarrollaron una amistad infantil de esas que al poco tiempo terminaron juntos cohabitando en una misma habitación en nuestra casa, la cual se convirtió en su punto de encuentro en su vida y en su crecimiento.

La Paula, Francisca y Daniel llenaron nuestra vida, en el trascurso de su crecimiento, fuimos una familia normal de clase media, que luego supimos se nos clasificaría como una clase media aspiracional. Daniel se destacaba por ser un niño retraído con dificultad para establecer relaciones sociales que no fueran su hermanas y algún primo de su edad, tenía talento para la música, el solo aprendió a tocar el piano con un juguete que le regalamos en alguna navidad, después de un tiempo, dándonos cuenta de su facilidades para la música, se lo remplazamos por un teclado más profesional, en él pudo empezar a tocar obras completas de música clásica o de profunda espiritualidad, como cualquier niño de su edad también incluía música de las que incluyen en la promoción de los juegos de video, de esos que tanto le encantaba practicar.

Ya seguiré contando más de Daniel, regresemos a nuestra búsqueda, les iré relatando en cada capítulo algunas historias de la vida de Daniel, en los capítulos voy a abrir con una reseña de su vida. Lo que buscamos es el espíritu de mi hijo, pero precisaremos que es el espíritu de acuerdo con la ciencia espirita, les quiero contar un resumen de como empieza la ciencia espirita, un profesor Frances de nombre Hippolyte León Denizard Rivail (1804-1869) más conocido como Allan Kardec en el siglo diecinueve, se encontró de frente con el mundo de los espíritus y fundó lo que hoy es conocido como ciencia espirita. Corría el año 1867 y el profesor impartía clases en un colegio de primer grado para niños y niñas, en las tardes se reunía con colegas científicos en el París de esos años, el profesor Rivail gozaba de un prestigio en la esfera de la ciencia, por esta razón un grupo de escritores conocidos del profesor, se acercaron para solicitar su ayuda en la investigación de un fenómeno paranormal que en las noches de París se usaba como entretenimiento en las tertulias nocturnas, lo llamaban las mesas giratorias, el fenómeno consistía en que un grupo de personas reunidos en una mesa ponían su manos sobre ella, la mesa se levantaba y comenzaba a girar, también estos espíritus hacían otras manifestaciones, en las que era posible hacerles pregunta, ellos con un sistema de canasta en conjunto con un lápiz, recibían respuestas. El profesor por la curiosidad en un primer momento y para intentar desnudar la chapucería, Allan Kardec se adentró en este mundo, pero siempre usando herramientas científicas para el análisis de estos fenómenos.

Luego de un periodo de incredulidad y de hacer varias comprobaciones de que no existían engaños, Allan Kardec se convenció de que las manifestaciones que los espíritus hacían significaban que existía un mundo después de abandonar nuestro cuerpo, por esta razón él pensó que valía la pena emprender una investigación del alcance de tan importante conclusión. En el siglo diecinueve, el afirmar que los seres humanos, somos mucho más que solo cuerpo, que cuando lo abandonamos este avatar de materia, transitamos a un mundo que para esos años era desconocido. Solo con afirmar esta existencia, el profesor Allan Kardec se ponía en una colisión frontal con el pensamiento de la iglesia católica de esos años. Hay un espíritu dentro de nosotros que merecía ser investigado con las herramientas y metodologías del método científico del siglo diecinueve, él se dio a la tarea de investigar y luego escribir el libro de" Los Espíritu", con esto de paso fundar la ciencia que él denominó ciencia espirita.

En el trascurso de su investigación, sabiendo él, que sería cuestionado por sus pares y contemporáneos, por hacer una investigación que parecía cuestionar alguna de las bases de la iglesia católica, para tan importante tarea, él desarrolló un método para preguntar a los espíritus, sobre el mundo que hay cuando dejamos nuestros cuerpos, su método consistía en hacer preguntas a espíritus diferentes, utilizando para esto diferentes médium y además en diferentes lugares, para luego contrastar sus respuestas. Las cuales luego las publico en los diferentes libros de la ciencia espirita.

Una de las primeras informaciones o preguntas que Allan Kardec hace es: ¿Que es Dios para los espiritu?, el recibe la respuesta de que: " Dios es la inteligencia suprema, causa primera de todas las cosas", en ningún caso las afirmaciones que recibe de los espiritu están en contra de la creencias de la iglesia católica de esos años, los espiritu le manifiestan que cuando dejamos este cuerpo en el otro lado seguimos siendo los mismos, en ningún caso ellos conocen todas las respuesta, en el trascurso de toda su investigación

Allan Kardec conversa con lo que ellos, los espíritus, denominan espíritus superiores, al parecer hay una jerarquía al otro lado, ellos los espíritus superiores dos en particular; San Andrés, y San Agustín, estos dos espiritu le van contestando preguntas, de acuerdo a lo que hemos dicho, el profesor utiliza el método científico, él tomó la precaución de hacer contacto con los espíritus a través de diferentes médium y les hace las mismas preguntas para poder corroborar que hay un contacto verdadero y que la información que el recibe, es de verdad enviada del mundo de los espíritus.

En el segundo libro de Allan Kardec, de nombre;" El Libro de los Médium" el define que un ser humano que habita un cuerpo con alma es tres cosas:

El cuerpo, el espíritu y el peri-espíritu, en una interpretación libre de un ingeniero del siglo veintiuno, para entender estos tres conceptos, se puede imaginar que somos tres cosas, hardware, el cuerpo, software, el espíritu y un software básico instalado en el cuerpo, el peri-espíritu, que es parte del hardware que tiene como función recibir el software cuando le es instalado. Recibir el espiritu al momento de nacer.

Allan Kardec recibió de los espíritus superiores explicaciones detalladas de las preguntas que hacía para entender estos conceptos, el más difícil para la época fue precisamente entender, ¿Qué es el peri espiritu?, el cual se lo explicaron como un fluido en el cual se conectaba con el espíritu al momento de nacer y se desconectaba al momento de morir, los médium verdaderos, tienen la facilidad de poder facilitar una parte de su peri espiritu a los espíritu desencarnados y de esta manera poder conectarse con el mundo de los cuerpos encarnados, que en este libro lo llamaremos presente, el mundo de los cuerpos con espiritu.

En sus preguntas y respuesta con el mundo de los espíritus, Allan Kardec describe todo un mundo real y físico donde viven los espíritus, describe jerarquías donde los espíritus superiores tienen algún grado de mando sobre los espíritus que aún no han entendido este tránsito del presente al mundo espiritual. Los espíritus son instruidos, aprenden y se preparan para su regreso al presente en el mundo de los seres humanos, con esta afirmación se da por descontado que existe la reencarnación de los espíritus, en la práctica Allan Kardec en su conversaciones con los espíritus superiores le dan cuenta que la reencarnación es un proceso natural que tiene por misión elevar y mejorar la espiritualidad de los diferentes espíritus, que solo es posible mejorar nuestra espiritualidad en el presente, en el mundo donde viven los cuerpos con espíritu reencarnado.

Este proceso de ir y venir entre dos universos, él de los cuerpos con espíritu y el otro universo que solo es de espíritu, es como una máquina que tiene como un bien superior, el mejorar cada uno de los espíritus que existen en estos dos universos. Donde cada transito deja en los espíritus parte de su oscuridad, este proceso continúa hasta que cada espíritu tenga en su esencia el color de la belleza, la simpleza de las cosas y sentimientos. Donde a cada espiritu no le queden ni oscuridades ni cuentas en el mundo del presente, en ese momento los espíritus en una conversación con ellos mismos y aconsejados por espiritu superiores deciden no regresar al mundo de los cuerpos encarnados

Una de las informaciones que recibe Allan Kardec, que está contra la intuición que los humanos tenemos, se trata de que la inteligencia es parte de los espíritus, no del cuerpo, lo aprendido en otra vida, es de alguna manera llevado hasta la próxima reencarnación y por eso hay habilidades que naturalmente se dan en niños a corta edad. Con eso nuestro planeta tierra ve como cada generación supera las metas de las anteriores, en todas las ramas del saber de la vida, con sus luces y sombras.

Allan Kardec define este universo que existe, pero no da detalles de donde y como la ciencia puede hacer una modelación de este universo, por lo demás nunca fue su objetivo, en otras palabras no hay un mapa que nos lleve del mundo físico, al mundo espiritual y esto al parecer ha continuado de esta manera entre los médium que lo han sucedido a lo largo de los años, los dos mundos son como dos departamentos estancos que solo se conectan aleatoria y ocasionalmente a través de los denominados médium verdaderos.

Luego de la muerte de Daniel, me cuesta hasta escribir esta frase. Mi mundo cambió, hasta ese día y los días siguientes, junto con Carolina nos sentíamos en una nube que flotaba sin conexión con el mundo real, en ese estado entramos juntos a tratar de regresar a la normalidad, esa palabra la verdad que carecía de sentido, pero fue ahí donde comenzaron a suceder cosas que por casualidad las empezamos a concatenar y descubrir este mundo espiritual que Allan Kardec había descrito en el siglo diecinueve, que ahora nosotros lo empezamos a sentir en nuestra casa, por la seguidilla de hechos que no encontraba una explicación en la ciencia clásica. Fue por esos días que llegó hasta nuestras manos los libros de Allan Kardec, comenzamos la lectura de la ciencia espirita, confieso que mi esposa Carolina primero comenzó escuchándolos en YouTube como audio libro, en un principio no le preste atención y continué con un entretención nerd que practico, estudio física relativista para poder comprender como funciona el universo, siempre había entendido de una manera vaga las dos teorías de la relatividad de Albert Einstein, pero ahora en YouTube un profesor español de la universidad de Madrid de nombre Javier García colgó un detallado curso de relatividad general. Son algo así como cien capítulos y me tomé el desafío a mis 58 años de hacer el curso completo, pero a conciencia y después de la muerte de nuestro hijo continué en esta labor, pasaron los días y noches, creo que fue ahí donde empecé a canalizar información que en un principio no entendí, que ahora trataré de explicar con la pregunta que da origen a este trabajo: ¿Dónde está mi hijo?

Es común escuchar para justificar los fenómenos denominados para normales, nombre que no es el apropiado, para normales, pareciera decir que nos son normales, podemos afirmar que son fenómenos distintos y muy normales, que ocurren debido a que no hay una conexión fácil entre estos dos universos. En el lenguaje común de las personas, que se aproximan a conectar estos dos mundos, en un intento de dar un sustento científico a la existencia del mundo de los espíritus, los médiums recurren a usar el nombre de la física cuántica para tratar de explicar los fenómenos que los espíritus originan en el mundo del presente. En un intento de dar volumen a sus afirmaciones. Las personas tienden a mencionar experimentos que no entienden de la física cuántica, muchos de ellos se aplican a otras cosas y los físicos que conocen de cuántica, nunca justificarían el uso de esta rama de la ciencia para tratar de probar la existencia del universo de los espíritus.

Según mi apreciación, la rama de la física que entra en colisión con el mundo de los espíritus, es la rama de la física de Isaac Newton y la relatividad general de Albert Einstein , lo anterior puede entenderse mejor si se trata de pensar como un escéptico de la existencia de los espíritus o de la vida más allá de la muerte, esta persona escéptica y renuente a tomar en serio el universo que existe donde van los espíritus después de abandonar sus cuerpos, esta persona escéptica, puede hacer, la siguiente pregunta: ¿Cuando el espíritu abandona el cuerpo?, en ese momento deja de tener materia, ya no son atraídos por la fuerza de gravedad, por tanto no hay una fuerza que lo atraiga a este planeta o sistema solar, el espíritu de la persona desencarnada quedaría vagando en el espacio, pues no existiría un planeta que lo atraiga con su fuerza de gravedad, estos espíritus de existir según la persona escéptico lo harían en un universo sin gravedad. Pero sin embargo los sentimos, sabemos que están, en consecuencia, hay una parte de la teoría de estos dos físicos que está incompleta, pues no se hace cargo de la existencia de los espiritu y de la atracción que el mundo material del presente ejerce sobre ellos. Los espíritus de alguna manera son atraídos por la fuerza de gravedad que los planetas ejercen sobre la materia y también de los espíritus que en este planeta habitan. La afirmación anterior es por donde comienza mi búsqueda, esa es la puerta que voy a explorar en este libro.

El universo de los espíritus tiene preguntas sin respuesta, analizadas bajo el prisma de la gravedad de Newton y relatividad de Albert Einstein, esa es en realidad la tarea que este libro trata de encarar. Encontrar un espacio en estas dos teorías en la medida de lo posible y de esta manera poder decir dónde está mi hijo Daniel, un padre y una madre siempre necesitan conocer dónde y cómo están sus hijos, en el caso de mi hijo Daniel que solo es un espiritu y no tienen un cuerpo lo que necesitamos conocer son esas preguntas que dan origen al nombre de este libro. La respuesta que se busca debe ser algo más concreto que lo que hoy sentimos en nuestro hogar, que sea más que una manifestación en mis sueños de la cual recuerdo al despertar como una clara comunicación del mundo de los espíritus y nosotros sus padres, más que un ruido en mi habitación queriéndome decir papá estoy aquí, más que una imagen traslucida en un instante infinitesimal dentro de la casa para manifestar su presencia. ¿Dónde y cómo es su estado? Junto con Carolina aun somos sus padres, aunque él esté en otra mejor vida, por eso queremos saber ¡Cómo está!, en el mundo de los espiritu, porque en el mundo del presente y en el de los espiritu, **Daniel es y será mi hijo.**

En este libro se trata de construir un mapa que conecte los dos universos, para eso hay que tratar de hacer una interpretación libre de las dos teorías de la relatividad de Albert Einstein, en este capítulo se comenzará a construir el esqueleto del universo donde viven los espiritu de acuerdo a lo que pienso o también creo haber canalizado, estas dos opciones existen, para lo que en este libro se plantea, les dejo a los lectores ver la selección de la alternativa que él piense es la verdadera.

Este universo lo llamaremos universo DOT, por las letras de las iniciales de mi hijo Daniel Ordenes Torres, es un universo físico inventado (canalizado), la primera colisión con la teoría general y especial de la relatividad, es que por definición lo que lo convierte en un axioma: "Hay un solo presente simultáneo para todo el universo DOT", esto es lo que el lector deberá entender o comprender en el resto del libro, este es un desafío intelectual no menor, pues se propone un universo, para poder explicar donde viven los espíritus de nuestros seres trascendidos. El universo donde vivimos los seres humanos en el resto de este libro lo llamaremos el universo del presente o el de Albert Einstein, es importante recordar estas dos definiciones, en este libro cuando hablemos del universo DOT nos referimos al universo donde viven los espíritus y también nosotros los seres humanos, cuerpos con espiritu, para el universo que la ciencia acepta es el universo de Albert Einstein.

Esta hipótesis se debe de alguna manera poder expresar geométrica y algebraicamente para poder pasar a ser una teoría, por ahora en esta propuesta será el punto de partida y se construirá todo un edificio, por decirlo de alguna manera, en base a este axioma (Hipótesis)

Vamos a construir el esqueleto del universo DOT, comenzamos con un universo, sin materia sin nada dentro de él. La geometría que se define para este universo es de un cubo regular donde cada lado mide millones de años luz,

¿Cuántos?, No está ese valor, solo se define la unidad del largo del cubo: miles de millones de años luz, este es el primer paso de construcción del esqueleto del universo DOT.

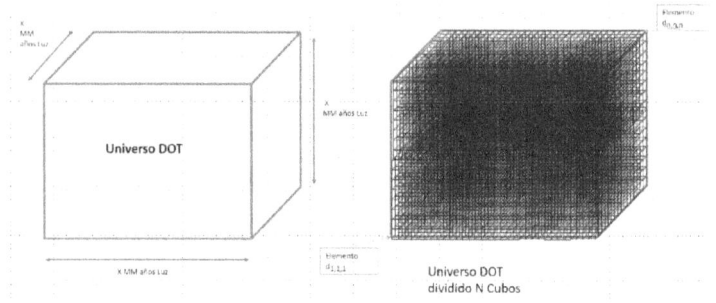

Dibujo N°1
Geometría básica universo DOT

Antes de explicar el segundo paso es importante entender que el universo real será este, el del primer paso, todo lo que se realizará en este capítulo y en los siguientes, es solo una herramienta que nos permiten a los seres humanos entender cómo trabaja un universo donde puede coexistir la relatividad de Albert Einstein y el mundo de los espíritus. Los pasos a continuación son una herramienta matemática para poder armar este laberinto, donde en este mundo físico se encuentran los espíritus, pero repito el universo real es el cubo de lados de millones de años luz. Lo que se construirá es una lupa o filtro para poder mirar dentro de este universo.

El segundo paso para armar el esqueleto de nuestro universo DOT, es dividir este universo en una trama interior de cubos regulares, no de nivel cuántico, a cada mini cubo que resulta de la división, se le denominará ladrillo, para tener una guía de su ubicación se le asignarán tres números que son la dirección que cada cubo tiene dentro de la trama de ladrillos en el universo DOT.

Dibujo N°2
Cascarón esférico universo DOT

El tercer paso es desarmar el universo DOT en los ladrillos del paso anterior, es como si a un niño le pasáramos un cubo gigante de ladrillos legos y luego de un rato, el niño lo tiene desparramado por toda su habitación.

El cuarto paso es rearmar el universo DOT, pero en una esfera, pero solo cubrirá el perímetro de esta esfera, es decir, el centro queda vacío solo hay un manto de ladrillos que cubren la esfera que ahora es el universo DOT.

Con estos pasos tenemos lo siguiente, en cada ladrillo están las tres dimensiones espaciales y esto es importante de recordar para el resto de este libro. En la periferia de la esfera, está todo el universo DOT del paso uno, es decir, con los pasos anteriores logramos reubicar virtualmente el universo DOT en un cascarón esférico. Lo anterior es de por sí, un sistema de coordenadas nuevo, los sistemas de coordenadas lo que hacen es poder medir distancias y ubicaciones, además de muchas otras cosas, requieren de unas coordenadas de origen, los sistemas más conocidos, son el euclidiano, las coordenadas polares y esféricas, en este libro se utilizarán las coordenadas euclidianas y esféricas. Las coordenadas euclidianas u ortogonales son las coordenadas del universo en forma de cubo y las coordenadas esféricas son las coordenadas de los cascarones esféricos, este nombre lo usaremos en el resto del libro para referirnos al área del perímetro de la esfera donde están ubicados los ladrillos del universo DOT, es decir, los cascarones esféricos.

Aquí les pido a los lectores un poco de imaginación, para simplificar y un mejor entendimiento, supondremos que cada ladrillo del universo DOT mide un centímetro cúbico, esto se compara con el tamaño de la esfera que contiene el cascarón esférico del universo DOT, es decir, los ladrillos son de un tamaño microscópico en comparación con el tamaño del universo DOT y de la esfera que lo contiene en su cascarón.

Por lo anterior es perfectamente aceptable decir que el cascarón del universo DOT es una superficie casi plana por los tamaños involucrados. En estas pocas líneas se han sentado las bases de la hipótesis de este libro, por lo que es conveniente hacer un resumen de lo que se ha explicado hasta este capítulo. Tenemos un universo de geometría de un cubo, donde cada lado mide miles de millones de años luz, ese universo fue dividido en cubos de un centímetro cuadrado. Los cubos pequeños se les denominó ladrillos y fueron cada uno de los ladrillos, reubicados en una esfera donde formaron un cascarón esférico, pero solo en su superficie, visualmente o como una regla nemotécnica, es como una pelota que se ha envuelto con papel, el cual está formado por ladrillos y su interior está vacío.

Lo interesante de esta construcción, es que ahora tenemos seis dimensiones, tres espaciales y otras tres que denominaremos campo de potencial del tiempo universal. Las tres dimensiones espaciales están en el cascarón esféricos de los ladrillos que envuelven la esfera y las tres dimensiones del campo de potencial del tiempo universal están en la pelota con coordenadas esféricas.

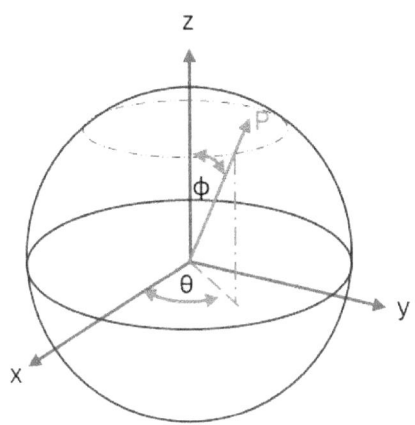

P(x,y,z) Coordenadas Rectangulares

P(r,θ,φ) Coordenadas Esféricas

Dibujo N°3
Coordenadas Esféricas

Para los lectores que no conocen las coordenadas esféricas, recuerden que un sistema de coordenadas tiene como objetivo poder con tres coordenadas determinar un punto en el espacio, en una esfera, es posible determinar un punto en la esfera con las coordenadas, el radio, los ángulos denominados ϕ, θ como se muestra en dibujo número tres. El lector puede ver en el dibujo las coordenadas antes descritas y también puede revisar algún video en YouTube que las explica didácticamente.

Las preguntas que nos podemos hacer antes de continuar:

1. ¿Se está afirmando que nuestro universo tiene seis dimensiones?
2. ¿Dónde está el tiempo que miden nuestros relojes?
3. ¿Cuál es el objetivo de hacer esta construcción del universo de la manera antes planteada?

Para responder estas preguntas, se necesita definir que este primer nivel del cascarón esférico que se construyó es el presente y por definición de este universo, es un presente común para todo el universo, además es estático, en otras palabras, lo que es estático es el presente. El lector, aunque ahora no entienda esta afirmación, pero debe recordarla debido a que lo que se realiza en este libro es llevar al lector a aceptar y comprender tal afirmación. En relación del tiempo, hay que esperar la explicación de la dinámica de cómo funciona este espacio para entender que es el tiempo. Pero se puede adelantar que la vida y el tiempo coordenado, el que miden nuestros relojes, es solo una característica del presente, en el pasado y en el futuro no hay vida ni tiempo, o más precisamente no se genera tiempo.

¿Y las dimensiones?, efectivamente ahora tenemos seis dimensiones, pero hay un capítulo especial para explicar las dimensiones. Lo que necesitamos en este capítulo que el lector recuerde es la construcción geométrica del universo DOT y que tenemos un nivel que es el cascarón esférico que es el presente, que es común para todo el universo DOT.

El definir el presente como un cascarón esférico, tienen características que lo definirán en el resto de libro, el presente de acuerdo a lo que hemos escrito hace pocas líneas, es el único lugar geométrico donde ocurren dos cosas: hay vida y se genera tiempo coordenado, el que miden nuestros relojes, estas dos definiciones abren la puerta para explicar dónde está mi hijo Daniel, es decir, donde está su espiritu en la geometría del universo DOT, aunque no se ha explicado cómo es la dinámica del universo DOT, es más aun no se han considerado ni planetas, ni estrellas en este universo, lo cual será introducido cuando expliquemos la relatividad general de Albert Einstein.

Lo que adelantamos es que en el exterior de la esfera y en el interior de esta esfera hay otros espacios que son otros cascarones esféricos que se colocan unos encima del otro, recordar la aproximación realizada que los mantos esféricos pueden considerarse casi planos y por esta cualidad se pueden colocar otros mantos esféricos, en estos mantos esféricos, es donde pienso está mi hijo Daniel, donde están los espíritus de todos los seres humanos que han dejado nuestros cuerpos encarnados.

Esta representación del universo DOT tiene la gran ventaja que cuando se entiende y aquilata, el lector se convierte en un observador del espacio y el tiempo omnipresente, puede mirar los cascarones del futuro, presente y pasado de manera simultánea y tratar de entender, o darse una idea de donde es el mundo de nosotros los cuerpos encarnados con espiritu y el mundo de los espíritus.

Para terminar este capítulo, se define que el pasado o el espacio del pasado se ubicará en el interior de la esfera del universo DOT y el futuro en el exterior de le esfera del universo DOT. Los espíritus a mi juicio se ubican en una franja no estática de los cascarones esféricos, es decir, están entre el pasado el presente y el futuro, no generan tiempo, por esta razón los médiums cuando se conectan con los espíritus dicen que el tiempo carece de sentido en su mundo.

Una reflexión del que escribe en relación de los espíritus, cuando dejamos este cuerpo, seguimos siendo los mismos, no nos convertimos en santos ni en sabios, tampoco hacedores de milagro, me imagino que como en todo proceso, el estar en solo espiritu luego de un tiempo, nos habituamos y tenemos un manejo de los acontecimientos. Como espiritu seguimos con nuestro conocimiento de la última vida que nos tocó estar, nadie nos va a explicar cómo es el mundo del otro lado, el elevar nuestro conocimiento y el mejor entendimiento de este tránsito se hace en esta vida. No sé si lo que se escribe en todo este libro es la verdad final, pero a mí me ayuda a entender este doloroso proceso. Además, porque conozco a mi hijo creo sentir lo doloroso del proceso que él está teniendo en el mundo de los espiritu.

Y también creo que a él lo ayuda de alguna forma que se escriba este trabajo para ayudar a otros que pasen por procesos similares.

Nota: En relación de los sólidos platónicos, los cascarones esféricos es un concepto, no requiere que en su geometría sea cubierta por los ladrillos, pueden existir otros volúmenes auxiliares de similar tamaño, pero irregulares para poder salvar el problema de los sólidos platónicos, este comentario está dirigido solo a los matemáticos.

Capítulo Dos

Campo de Tiempo Universal

Daniel era un niño hermoso, alto delgado, su mirada fue siempre melancólica, quisiera antes de continuar contarles una situación que lo reflejan en cuerpo y alma. Tendría unos cinco años y debió ser sometido a una cirugía ambulatoria, lo llevamos al hospital del niño y la cirugía debía ser ejecutada con rapidez, el doctor nos había dicho que no tendría grandez complicaciones, nosotros siempre usábamos las instalaciones del hospital del niño para nuestros hijos, básicamente porque es eso, un hospital para niños, había toda una dinámica para recibir a los niños, lo cual lo convertían en un hospital muy acogedor para los niños y los padres, además de ser efectivó en su atención, mis hijas Paula y Francisca habían estado en sus instalaciones por lo que no fue extraño hacer este procedimiento en las instalaciones de este hospital.

Mi hijo a lo cinco años era un niño hiperkinético y nosotros optamos por darle nada para tranquilizarlo, ocurrió que en la recuperación después de la operación, ya sea por su contextura o por su hiper actividad , Daniel tenía mucha masa ósea con muy poca musculatura, tal situación provocó que la anestesia local lo tomara más de la cuenta y cuando le dieron el alta no pudo sostener sus piernas, él con cinco años casi no entendía lo que le estaba pasando, él realmente se asustó, creyó que no podría caminar nunca más, en el momento que le dieron el alta, no estaba en el hospital, llegue rato después. Cuando por fin estuve en el hospital, mi hijo Daniel me mostró con su cara acongojada lo que le estaba pasando, para explicarlo, me mostró con su ejemplo, se bajó de la cama intentó dar un par de pasos, cuando intentó caminar, él se caía y tenía que agarrarse de la cama, Daniel me miró y me mostró gráficamente lo que acabo de relatar, me dijo con su mirada y sus palabras: **¿Papá que hacemos?** No era una situación grave, solo requería de más tiempo para que la anestesia local dejara de tener efecto. Pero fue difícil explicárselo a mi hijo Daniel. Luego de una explicación y de darle consuelo se quedó internado una noche en el hospital, Carolina junto con Daniel se quedaron en el hospital y el hecho no pasó a mayores. Daniel regresó a casa y continúo con su vida él y sus hermanas.

Después de relatar lo que mi hijo vivió en el hospital, regresemos a tratar de armar el esqueleto del universo DOT y lo que en este capítulo necesitamos entender:

1. ¿Qué es el campo de tiempo universal?
2. ¿Qué es el tiempo coordenado?

Por no ser un artículo científico, puedo contar que cuando construía esta herramienta, en un principio pensé que el tiempo universal, sería una especie de reloj de tiempo que me ayudaría a definir un mismo ritmo de tiempo para todo el universo DOT, esa era la intención inicial. En otras palabras, mi intención era poner un reloj de pulsera a todos los habitantes de todos los planetas con vida dentro del universo DOT y recordar que por las dimensiones del universo DOT, son suficientemente grandes para que pueda contener varias galaxias y cúmulos de galaxias, en todos los planetas habitados y no habitados, todos pudieran usar un mismo reloj que contara el mismo tiempo, esta idea, se conseguirá, pero con algunas variaciones que la relatividad general nos obliga para que sean compatible el universo DOT, con el real o de Albert Einstein. En el capítulo de relatividad general y el universo DOT se explica cómo trabaja el tiempo coordenado, el que está en nuestros relojes, con el campo de tiempo universal

En el desarrollo del concepto esta idea migró, ya sea por las canalizaciones que creo estar recibiendo o porque mi imaginación detectó el error, fue ahí cuando le agregué la palabra campo, para quedar definida como el campo de tiempo universal. También me di cuenta de que el campo de tiempo universal no es un flujo de nada, por esta razón debí reescribir el articulo científico que estoy escribiendo en simultáneo con este libro, que pondré también al final del libro para los lectores que quieren encontrar un fundamento técnico en este universo DOT, teórico o imaginado.

Lo que se define como un axioma en este capítulo es que el campo de tiempo universal es una especie de energía potencial, los lectores que no sean físicos y hace mucho tiempo dejaron su enseñanza primaria, deben pensar el campo de tiempo universal como una diferencia de altura de las diferentes capas de los cascarones esféricos del universo DOT, lo anterior significa que cada cascarón esférico tiene un potencial, como regla nemotécnica, al hablar de potencial, el lector debe cambiar ese concepto, por el de altura y le será más fácil su comprensión, la referencia o nivel cero para la altura o potencial, es el centro de la esfera donde se ubican los cascarones esféricos. Entonces los cascarones esféricos del universo DOT poseen una diferencia de potencial, donde cada cascarón esférico tiene un potencial diferente, los cascarones esféricos del universo DOT del exterior tienen potencial más alto que los cascarones del interior.

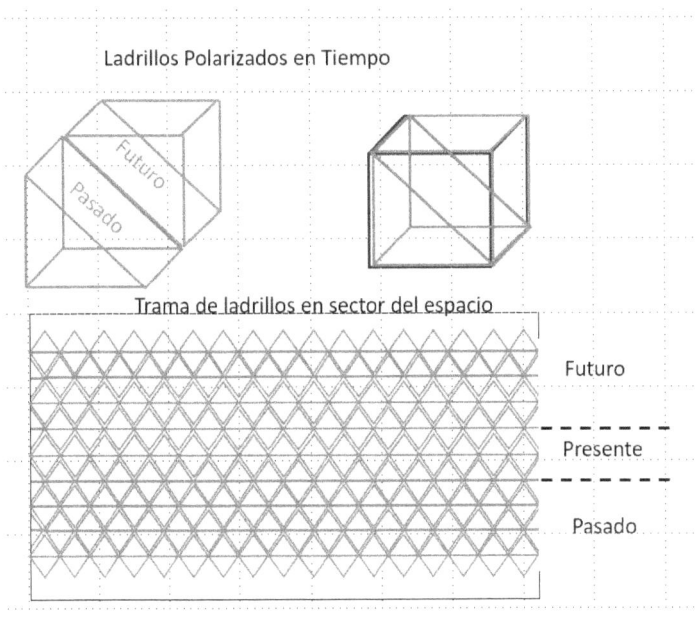

Dibujo N°4
Polarización Ladrillos universo DOT

El campo de tiempo universal, es una onda vectorial esférica que viaja del centro de la esfera del universo DOT hacia el exterior, polarizando con campo temporal a los cascarones esféricos y con esto los ladrillos del universo DOT, en los ladrillos, está polarización se refleja, por donde entra la onda del campo de tiempo universal, se polariza con el pasado y por donde sale se polariza con el futuro tal como se muestra en el dibujo número cuatro, recordemos que hasta ahora solo tenemos un universo DOT, sin materia formado por un solo cascarón esférico, el cual representa el universo de geometría de cubo.

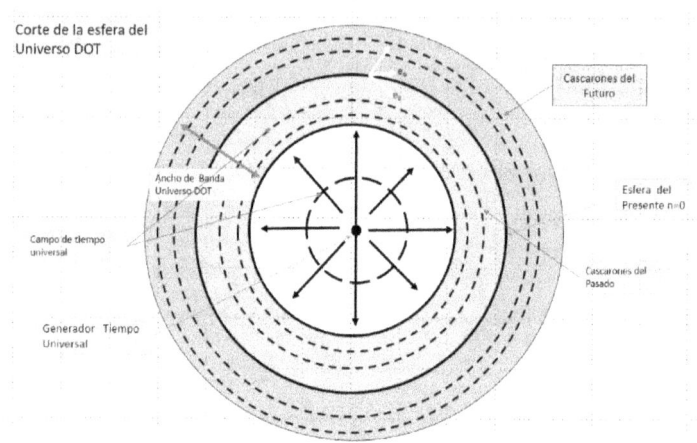

Dibujo N°5
Onda de campo de tiempo universal

Los ladrillos polarizados forman el cascarón esférico del presente, crean un nivel que denominaremos con la letra N, general para todos los cascarones, en particular el cascarón del presente se denomina N_p, que es común para todo el cascarón, la onda de campo de tiempo universal, llega simultáneamente a todos los ladrillos del universo DOT, en esta explicación se encuentra el motivo de que se seleccionó un esfera para ubicar los ladrillos del universo DOT, al imaginarla como se muestra en dibujo cinco, donde una onda de campo de tiempo universal viaja dentro de la esfera, esta llega simultáneamente al perímetro de la esfera tocando y polarizando los diferentes ladrillos de todo el universo DOT, con esta definición se está diciendo los siguiente, en el universo real de geometría de cubo, en cada ladrillo de este universo , el potencial del campo de tiempo universal es el mismo. Para eso nos ayudaremos con un ejemplo y también el lector debe tomarse un tiempo para entender este concepto, debido a lo complejo de lo que se está explicando, lo vamos a reforzar con un ejemplo de su vida cotidiana.

Vamos a suponer que el lector de este trabajo está al momento de leer estas líneas en una habitación que forma un cubo de cinco metros cada lado, claro la altura de la habitación resulta desproporcionada, pero para el ejemplo lo vamos a aceptar. Definamos por un momento que esta habitación es una parte del universo DOT, no todo el universo DOT, solo una pequeñísima parte, el siguiente paso es dividir este universo en ladrillos de un centímetro cubico, es decir, dividir la habitación en ladrillos y la habitación tendría un total de 125.000.000 de ladrillos que repletan la habitación, eso geométricamente se conoce como una trama de cubos, (Es útil que el lector mire el concepto de trama en geometría), ahora ponga imaginariamente estos ladrillos en una esfera en un sector del área del cascarón esférico y suponga que una onda de campo de tiempo universal está llegando a los ladrillos, lo que el lector necesita es visualizar que la onda de campo de tiempo universal, cuando toque un vértice de los ladrillos que están en esta esfera , lo hacen en el total de ladrillos en los ciento veinticinco millones de ladrillos simultáneamente, es decir, todos los ladrillos están polarizados, a un mismo potencial, en otras palabras, toda la habitación está a un mismo potencial del campo de tiempo universal. Es útil que el lector recuerde este ejemplo para más adelante, cuando se introduzcan más elementos a la explicación del funcionamiento de universo DOT. Además, este mismo experimento será utilizado más adelante, regresaremos agregando más eventos y se obtendrán más conclusiones del experimento en cuestión.

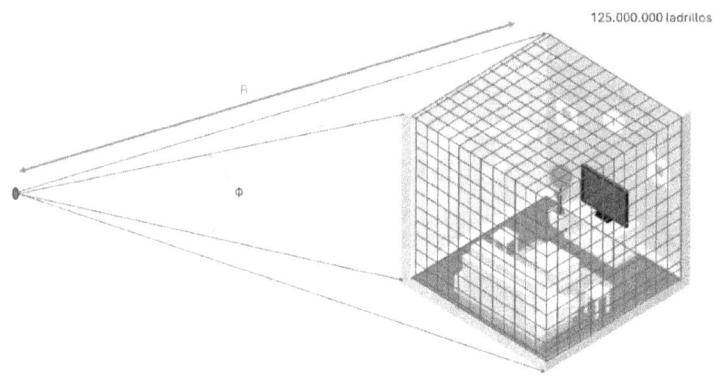

Dibujo N°6
Ejemplo de habitación

El experimento en cuestión también nos ayuda para poder visualizar al lector de dónde están las seis dimensiones del universo DOT, las dimensiones espaciales euclidianas están en los ladrillos de un centímetro cubico, en los ciento veinticinco millones de ladrillos y cuando los ladrillos se ubican sobre la esfera del universo DOT aparecen tres dimensiones más, las de las coordenadas esféricas, pero el lector necesita un paso más para encontrar estas tres coordenadas en su habitación. Necesita ubicar un punto por ejemplo en el centro de su ciudad de donde está, la habitación del ejemplo anterior y proyectar líneas imaginarias del centro de su ciudad hasta cada ladrillo, ahí de inmediato le aparecerán las coordenadas esféricas, dos coordenadas de ángulo, θ y φ y una coordenada de radio. También puede apreciar que si genera una onda a partir del punto del centro de la ciudad y esta onda tiene geometría esférica, está llegará simultáneamente a todos los ladrillos de su habitación, ahora imagine que su habitación es todo el universo y el ejemplo estará completo, para poder entender el concepto del universo DOT.

Sigamos construyendo los pilares del funcionamiento del universo DOT, al ser el campo de tiempo universal una especie de energía potencial que polariza los cascarones esféricos formado por los ladrillos del universo DOT, ahora impondremos que existen más cascarones esféricos dentro de la esfera y fuera de la esfera que forma el universo DOT, esta imposición por ahora será aleatoria y pareciera no tener sentido, pero esto con lo que se explica a continuación se puede aceptar fácilmente. Los cascarones nuevos que se han proyectado en él interior y exterior de la esfera son todos universos geométricos en forma de cubo similares al cascarón esférico del presente. Los cascarones al estar polarizados con el campo de tiempo universal, ocurre que los cascarones esféricos viajan del exterior de la esfera al interior de la esfera. Con esa suposición lo que se está afirmando, son muchas cosas, para que el lector lo internalice las vamos a explicitar, un cascarón esférico, es la suma de todos los ladrillos que forman el universo DOT, si se afirma que existen una cantidad finita de cascarones esféricos en el exterior e interior de la esfera, se está afirmando que existen tantos volúmenes de espacio de geometría en forma de cubo, como cascarones esféricos existan.

También se está afirmando que cada cascarón esférico, está polarizado con un nivel de campo de tiempo universal, lo que ocurre es lo siguiente, el presente es un cascarón esférico polarizado a un nivel determinado, pero igual para toda la superficie, el cascarón exterior del futuro esta polarizado a un potencial superior, los cascarones del futuro remplazan al cascarón esférico del presente y el cascarón del presente viaja al pasado. Hay que entender que lo que viaja es el espacio que forman los cascarones, no él potencial de cada cascarón, es el espacio de los cascarones del futuro reemplazando al presente y el espacio del cascarón del presente, pasa al espacio del cascarón del pasado. Los potenciales parecieran mantenerse fijo en cada cascaron del universo DOT, lo que es parcialmente verdad, pero se mueven relativamente para mantenerse a un mismo nivel en cada cascarón, es decir, avanzan hacia fuera de la esfera del universo DOT. Se sugiere pensarlo como mantos que caen del futuro al presente y luego al pasado, manteniendo el presente fijo y todos los niveles de los cascarones esféricos, es decir, el nivel del presente no cambia, lo que se mueve es el espacio de los cascarones esféricos, como hasta ahora estamos en un universo sin materia, el concepto está un poco difícil de aceptar, los lectores deberán hacer un esfuerzo para internalizar este funcionamiento, pues será recurrente en el lenguaje escrito de este libro, el uso del concepto antes explicado.

La velocidad de cambio de los cascarones esféricos es la velocidad de la luz, en otras palabras, estos cascarones esféricos que son solo espacio viajan en dirección del centro de la esfera del universo DOT, el espacio viaja del futuro al presente y luego al pasado a la velocidad de la luz.

Por otro lado, el potencial del campo de tiempo universal viaja en sentido contrario del centro de la esfera hacia el exterior de la misma esfera. La onda de campo de tiempo universal viaja a la velocidad de la luz polarizando los diferentes cascarones esféricos del universo DOT, pero en sentido contrario a como viaja el espacio. Debido a lo anterior los cascarones esféricos mantienen el potencial a un mismo nivel y en el caso particular del cascarón del presente se mantiene estático como fue el axioma que se estableció en el origen de esta construcción del universo DOT.

En resumen, el espacio de los cascarones esféricos, viajan del exterior de la esfera hacia el interior, en cambio la onda de potencial de campo tiempo universal lo hace del interior al exterior de la esfera universo DOT. Por esta razón el presente se mantiene estático en el universo DOT, pues son dos vectores que se mueven a la misma velocidad y en sentidos contrarios, lo anterior es una tremenda construcción teórica de este trabajo, en un universo inventado o canalizado, se ha definido algo que esta quieto, no se mueve en relación del flujo del campo de tiempo universal, esto es lo que se ha denominado el presente, es decir, si nuestro planeta estuviera en un universo como el que describe este trabajo, nuestro presente es lo que no se mueve en relación como cambia el potencial del tiempo universal. Nosotros nunca estamos en el pasado o en el futuro, siempre estamos en el presente y este es estático. Es una manera bastante especial de hacer este planteo, porque en el presente hay movimiento, pero estamos siempre en el presente. En esta explicación aún no se ha introducido el concepto de tiempo coordenado, el que miden nuestros relojes, lo cual se realizará más adelante.

Esto que se ha construido hasta estas líneas, son en si un nuevo sistema de coordenadas espaciales para un universo inventado, denominado universo DOT. No es una teoría aun, es una herramienta matemática, más bien geométrica que nos ayuda a representar un universo de seis dimensiones, las tres espaciales de los cascarones esféricos y otras tres que son de los potenciales del campo del tiempo universal de los mismos cascarones. Es importante señalar este comentario para que el lector comprenda lo que se ha construido hasta ahora. Para adelante en este libro queda la tarea de construir una hipótesis que como se ha dicho permite que exista el universo de los espíritus y el universo de Albert Einstein.

En otras palabras, haciendo un resumen de lo que se ha construido, hasta estas líneas de este libro, se ha construido un universo de nombre Daniel Ordenes Torres (DOT) formado por cascarones esféricos, donde cada cascarón es un espacio vacío compuesto por ladrillos, donde en cada ladrillo están las tres coordenadas espaciales que en matemática se les designa como coordenadas euclidianas, solo de espacio.

Además, ahora se definió el campo de tiempo universal el cual es un potencial que polariza los diferentes niveles de cascarones de este volumen de espacio. Se explicó que los cascarones del futuro están a mayor potencial que los cascarones del presente y el pasado y por esta razón los cascarones del futuro viajan al presente y luego al pasado a la velocidad de la luz.

Podemos decir que se ha construido un mapa del universo DOT, el cual ahora nos permite a los lectores ser un observador de este universo omnipresente, podemos mirar en todo el ancho de banda de los diferentes niveles de cascarones esféricos del universo. Sin temor a equivocarnos podemos expresar: **¡Que tremenda herramienta hemos creado!**, para poder ver y entender el funcionamiento de este universo DOT.

Entiendo que existan preguntas aun sin respuestas, como por ejemplo: ¿No hemos validado la operación de este universo bajo las leyes de Newton o de Albert Einstein?, pero en cada capítulo de este libro se tratará de explicar en un lenguaje accesible como trabaja el universo DOT con estas leyes, con la relatividad especial de Einstein y también con la relatividad general de este mismo físico, el problema de hacer conversar este universo con la física actual, este autor lo reduce a explicar, cómo trabaja este universo con la teoría de las dos relatividades.

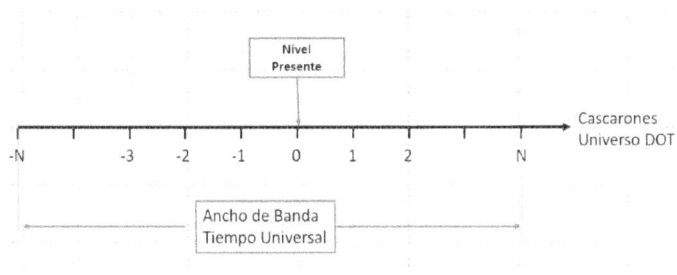

Dibujo N°7
Ancho de banda del universo DOT

Esto se puede hacer debido a que en la relatividad general están unificada todos los conceptos de física y si este universo consigue poder explicar ambas teorías, se puede afirmar que es un universo posible que exista, es un universo inventado pero que tendría una especie de certificado de factibilidad. No que sea nuestro universo.

Vamos a definir un concepto de ancho de banda de los cascarones esféricos, hay una cantidad finita de cascarones esféricos hacia el futuro y hacia el pasado, la distancia que separa el ultimo cascarón esférico del pasado y el primer cascaron esférico del futuro se denomina ancho de banda, este volumen es todo el universo DOT, el cual está formado por la suma de todos los cascarones esféricos de este universo, la cantidad de cascarones esféricos es un numero natural, es decir, ¡No tiene decimales!, concepto muy importante de entender, se está afirmando que el volumen del espacio del universo DOT, no es un continuo, lo que sí es continuo es la transición de los cascarones esféricos. Por esta razón los habitantes que pudieran existir en este universo no se dan cuenta de la transición de los cascarones, que como se ha dicho se mueven a la velocidad de la luz.

La continuidad de la transición de los diferentes cascarones ocurre debido a la geometría de los cascarones, los cuales al tener una textura que le dan los ladrillos, una parte de los ladrillos hacen como una posta de relevos, es decir, una parte de los ladrillos de los cascarones esféricos está en el presente de manera simultánea, por esta razón la transición es una operación continua.

También se define que de existir más presentes en el universo DOT, estos están separados por cascarones esféricos en los cuales no se produce tiempo ni vida, es decir, se afirma que vida y tiempo coordinado, solo existe en los cascarones del presente, entre cascarones del presente, existen otros cascarones que por definición del autor son los cascarones donde están los diferentes niveles donde viven los espíritus que Allan Kardec y la ciencia espirita predice en su ciencia.

En estos niveles de cascarones esféricos donde no hay vida ni se produce tiempo coordenado, hay un escenario que propicia la permanencia de los espíritus trascendidos, es donde creo está mi hijo Daniel. La pregunta ahora se puede responder, ¿Por qué no vemos a los espíritus?, ellos están en unos cascarones esféricos donde su ancho de banda en el cual les está permitido transitar no es fijo, por decirlo de una manera, entendamos que cuando estamos en el otro lado, en el mundo de los espíritus, no es que exista un manual para entender cómo funciona, lo que se escribe en estas líneas, es eso, una aproximación, una herramienta que nos ayuda a entender dónde pueden estar nuestros seres queridos.

En especial mi hijo Daniel. En el mundo de los espíritus existe una organización de acuerdo con la ciencia espirita, existen niveles en los cuales se asocian a la blancura del espiritu y a su limpieza en las diferentes transiciones, por ahora lo que este libro póstula que esos niveles son diferentes cascarones esféricos que nos son el presente y forman un volumen de cascarones esféricos donde están los niveles que habla la ciencia espirita.

Cuando escribía este capítulo, Carolina mi esposa que por razones obvia está muy cerca de la ciencia espirita y lee libros y ve documentales de los autores que hacen alusión al tema y en uno de esos tantos casos, me menciona el de una reencarnación, el caso se refería a una mujer británica que vivió a mediados del siglo veinte, ella de muy pequeña dijo ser la reencarnación de una mujer que había vivido en la época de los faraones en Egipto, al parecer ella pertenecía a una religión, en la cual ella como muchas otras mujeres, eran las sacerdotisas de la diosa del templo y en su vida en Egipto sostuvo un romance con uno de los hijos del faraón. El tema es que ella muere de forma trágica y en su reencarnación en el siglo veinte, ella está consciente de donde viene, quien es y rápidamente comienza a leer jeroglíficos egipcios, cuando escuché a Carolina contarme el caso, no le preste atención, de echo mientras escribo no tengo todos los detalles y pienso completar los nombres y fechas después, cuando el lector lo lea seguramente esté texto estará corregido.

Después de un rato me di cuenta de que existía una pregunta o una información no directa que estaba recibiendo, es que, para los espíritus, el tiempo no pasa y claro ella murió, pero, en su reloj, por decirlo de alguna manera, el hecho ocurrió hace poco y se reencarnó en el siglo veinte, sin otras reencarnaciones de por medio. Lo anterior quiere decir que los cascarones esféricos donde viven los espíritus no tienen tiempo y ellos se pueden reencarnar en los diferentes presentes, esta mujer murió hace 6.000 años y se reencarnó en el siglo veinte, el tiempo trascurrido entre su muerte y la reencarnación, no tiene sentido en los cascarones esféricos donde según este libro residen los espíritus.

Nos queda pendiente en este capítulo hablar del tiempo coordenado, nos hemos referido reiteradamente a este concepto y se ha establecido que el tiempo coordenado es el tiempo que miden nuestros relojes, pero en capitulo cuatro se definirá como un axioma, que es el tiempo en el universo DOT.

Capítulo Tres

Cambio de Coordenadas

Por mi actividad laboral sucedió que debí viajar rápidamente a Perú, tenía que presentar una oferta por grúas portuarias a una licitación que nos había invitado el estado de Perú, era un invitación extraña porque los puertos en Perú en ese momento se estaban en paralelo entregando su operación al mundo privado, copiando el sistema de concesiones que se aplica en Chile, sabía de esto por lo que no había prestado demasiada atención a esta invitación, lo extraño era que el estado comprara grúas, para luego concesionar el puerto, pero mis socios Alemanes, el fabricante de las grúas, quiso presentar oferta y me envió toda la documentación para hacer la oferta, con las boletas de garantía, por lo que tuve que rápidamente organizar un vuelo a lima Perú, estaba concentrado en esta tarea, debía coordinar toda la documentación que debía llevar, además ver el tema de los vuelos de avión que por la premura no me saldrían económicos, estaba en eso, no recuerdo. Pero en algún momento Carolina con la magia que tienen las madres, me dijo deberías llevar al Daniel, estamos en diciembre y el ya no tiene clases, le sería muy útil que viajaran juntos, mirando por el retrovisor de la vida, le agradezco en el alma a Carolina haber insistido, creo recordar que no estuve de acuerdo en un primer momento, pero luego accedí, busqué un vuelo económico y finalmente viajamos juntos a mi hijo Daniel a Lima Perú, fueron cuatro días, el Daniel tendría 13 años, pero él fue siempre un niño alto mediría un metro setenta, solo podías ver que era un niño al mirarle la cara, nos alojamos en un hotel en la localidad de Miraflores, en una cadena de hoteles cuatro estrella de nombre San Antonio, Daniel era un niño, llegamos al hotel de noche y al otro día preparamos la oferta juntos, cerramos la caja con las diferentes carpetas y firmé algunos documentos de la oferta. Luego salimos a recorrer la ciudad, fuimos a un sitio que existe en Lima donde venden juegos de video a muy buen precio, su nombre es polvos azules, nos hicimos amigo de un taxista que nos esperaba a fuera del hotel, él nos llevaba a diferentes lugares, nos mostró la ciudad de Lima y al otro día nos condujo al puerto que se ubicaba en el Callao, lejos de donde nos encontrábamos en el hotel. Había estado antes en ese puerto por lo que algo conocía, mi hijo Daniel lo miraba y observaba todo, creo que su opinión de Lima nunca fue muy buena, en esa época las leyes de tránsito en Lima casi no existían y prácticamente todos los autos tenían algún choque.

El taxista, en él viaja entre Lima y Callao realizaba maniobras que en Chile estarían prohibidas, pero ya conocía como era la conducción en Perú por lo que estaba acostumbrado, en cambio mi hijo Daniel en su cara mostraba sus miedos cada vez que el taxista frenaba o doblaba con brusquedad. Había un cruce de caminos, que con Daniel denominamos, el cruce de la muerte, sin semáforo a cuatro pistas dos calles se cruzaban, los autos en ese cruce lo hacían a baja velocidad frenando y buscando el hueco para tomar su vía, el camino de ida y regreso fue una aventura, en realidad por estar absorto en mi trabajo casi no lo disfruté y aprecié. No entendía que ese sería el único viaje que con mi hijo realizaríamos juntos fuera del país. Hoy me arrepiento en el alma de no haber prestado más atencion a los detalles del viaje.

Luego de terminado el trabajo y entregada la oferta, nos dedicamos a ver la ciudad y conocer, Miraflores, fuimos al famoso centro comercial que se encuentra en un desfiladero casi cayéndose hacia el mar, nos sacamos fotos, lo invité a un restaurant lujoso que había en el centro comercial y hablamos de la vida.

Foto N°1
Daniel en Lima Perú

Nos reímos porque había olvidado o más bien no entendido una de las instrucciones de la propuesta y en definitiva no la pude entregar, el viaje fue solo de placer porque en relación del trabajo había sido un fracaso, le dije, que así era el mundo de los negocios.

Daniel me hacía preguntas y trataba de responder, fue una linda y grata experiencia, mi hijo Daniel cuando compró los juegos de video, creo que eran 100 juegos de video, que nos los pasaron todos con su cajas y carátulas, nosotros sabíamos que, si nos revisaban de regreso, además por ser época de navidad podríamos tener problemas, a eso se sumaba que compré unas 50 películas que deben estar por algún lugar almacenados y olvidadas en mi casa, donde ahora escribo estas líneas. Nos habían dicho que aduana nos las podía quitar por lo que nos dimos a la tarea de botar las cajas y marcar con el nombre las películas, mi hijo, estaba en el hotel radiante de felicidad , justo en el momento que nos dimos a la tarea de poner en los disco los nombre de los juegos y película, pudimos hacer una video conferencia por computador con nuestro hogar, donde hablamos con Carolina, detrás mío se veía pasar a mi hijo casi dando saltos de felicidad por tener esos juegos y contando a cada juego que él ponía su nombre, luego de un rato, estaba en una tarea similar, me aburrí y solo numeramos las caratulas y los discos, las cajas, se fueron al trasto de la basura. Ese fue un momento mágico lo recuerdo muy bien, ahora lo atesoro como uno de los dos momentos mágicos que se producirían en este viaje.

Mi hijo solo quería regresar para comenzar a practicar con sus nuevos videos juegos, por lo que al otro día fuimos a la línea aérea, pagamos una multa y nos regresamos antes, durante el vuelo de regreso ocurrió un hecho que fue muy diferente, hoy lo califico como mágico, pero en ese momento no lo entendí y ni siquiera lo aprecié.

El vuelo de regreso estaba con baja ocupación, con mi hijo Daniel tuvimos los tres asientos para nosotros, no se sentó nadie en el tercer asiento, Daniel comenzó su interrogatorio quería saber :¿Cómo funcionaba el universo?, me preguntaba temas de la luz y la relatividad, hacía esfuerzos para responder, en esa época tenía esos conocimientos algo oxidado, pero trataba de responder cada una de sus preguntas, una que nos recuerdo, tal vez por agotamiento o por no saber le dije que tenía dudas o no sabía, luego le ofrecí algo para comer y fui donde están las asistentes de vuelo y le solicité un jugo junto con algo para comer, luego regresé a mi asiento y se lo pasé a mi hijo Daniel, creo que fue la segunda vez que busqué algo para comer los dos, en el trayecto de regreso a mi asiento, me lo pensé y le respondí su pregunta.

Esto no sería nada de especial , pero ocurrió una situación que no debe haber sido más de un segundo, al momento de aterrizar y luego del trayecto hasta su estacionamiento del avión que nos traía de regreso a Chile, en el lugar donde se instalan las mangas por donde bajan los pasajeros, nos levantamos de los asientos, con mi hijo Daniel, entonces una señora mayor , tendría un poco más de edad que la que tengo en la actualidad, me miró y me dijo, usted es un buen padre, al parecer la señora, estuvo todo el rato escuchando nuestras conversaciones, solo atiné a darle las gracias, pero el hecho fuera de ser una anécdota, uno o dos días antes de la partida de Daniel al mundo de los espíritus, no sé porque mi hijo me recordó de esta situación, la verdad no le entendí en ese momento, pero ahora lo recuerdo como un momento mágico de ese viaje.

Ahora tenemos que regresar a la tarea de construir este universo donde se encuentra mi hijo Daniel, en el que tarde o temprano nos encontraremos, creo sentir que el me ayuda en la redacción directa o indirecta de estas líneas y también siento que se disgusta, se enoja, porque no soy lo suficientemente rápido y concentrado en escribirlas, en el día me surgen las dudas de cómo funciona este universo DOT, también me cuestiono su existencia, de si este trabajo llegará un puerto, no sé si a un erróneo o acertado puerto, pero sí creo que llegará algún lugar, en las noches justo antes de dormir, hay una voz en mi interior que responde complicadas preguntas de cómo funciona este universo DOT, voy a tratar de ir destacando esas respuesta, que mis voces nocturnas me han dictado, para que los lectores en su libre albedrío juzguen si solo fue mi imaginación o en realidad conté con ayuda del mundo de los espíritus. Debido a que siempre estoy con la interrogante si es solo mi imaginación o de verdad estoy canalizando.

En este capítulo lo que deseo que el lector entienda, es un lenguaje escrito matemático que nos simplifique la tarea de trabajar con cascarones esféricos unos pegados a los otros, que representan el volumen del universo DOT, lo que se persigue es reemplazar cada cascarón esférico por una sola cifra o número que represente todo el cascarón esférico, como es un solo número es posible de reemplazar por una flecha en un gráfico, en el cual su tamaño es el valor o número que representa, el cascarón esférico del universo DOT.

Lo que queda de este capítulo será para explicar: ¿Por qué la selección de ese número para representar el cascarón esférico? Lo anterior se debe a una coincidencia de la naturaleza o de las matemáticas. Para entender solo vamos a recordar qué representa cada cascarón esférico del universo DOT y las simplificaciones que se han realizado para representar todo un universo espacial solo en el cascarón esférico.

Como se ha explicado en varias ocasiones el universo DOT inicia su construcción en un universo espacial de geometría en forma de cubo, donde cada lado mide miles de millones de años luz, el segundo paso es dividir este cubo en millones de cubos pequeños que se han denominado ladrillos y para tener una medida de los ladrillos se les asignó una dimensión de un centímetro cuadrado, ahora el universo DOT está formado por un cubo que tiene una trama interior de ladrillos que lo conforman, el tercer paso, es desarmar el universo DOT y volver a construir pero ahora poniendo cada uno de los ladrillos en el manto de una esfera con el área suficiente para contener todos los ladrillos. Esta construcción se la ha denominado: Cascarones esféricos, en los cuales está todo el universo DOT.

A los cascarones por tamaño se le aproximó a una superficie plana de forma esférica, aunque se sabe por el diseño que cada punto de esa superficie es un ladrillo de un centímetro cubico, es decir, el área de los cascarones esféricos contiene todo el universo DOT.

Pero el área de una esfera también coincide por una maravilla de la naturaleza con la función trigonométrica de nombre seno de amplitud πR y periodo 2πR, el lector que no tenga facilidades para las matemáticas, en su mente debe remplazar lo que a continuación se explica como un igual, que el área de una esfera de determinado radio tiene igual área que una extraña función denominada seno. En el gráfico de más abajo hay unos extraños símbolos que son una operación matemática que el único objetivo es mostrar que lo conocido y aceptado por la ciencia matemática es esta igualdad entre las áreas de una esfera y la función seno.

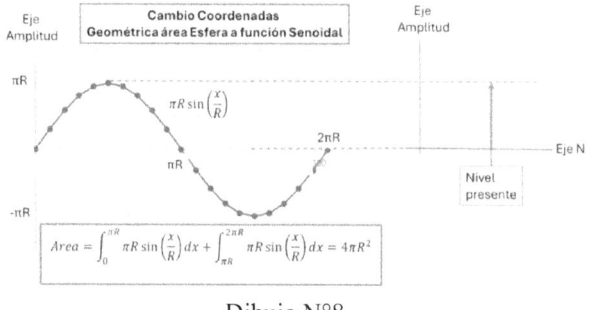

Dibujo N°8
Gráfico Función Seno

Tenemos realizado la mitad del trabajo, ya que ahora contamos con ese número que andábamos buscando, la amplitud de la función seno que es πR. Recordar que R es el radio de una esfera que contienen en su superficie todo el universo DOT. Ahora nos puede ayudar a representar los cascarones esféricos y poder graficar todos los cascarones esféricos en un eje del ancho de banda del universo DOT, es decir, los diferentes niveles, con un eje coordenado en números naturales, se pone una flecha vertical con la dimensión de amplitud de πR y esta representa el cascarón del presente del universo DOT, pero podemos también representar los cascarones del pasado y el futuro en este gráfico.

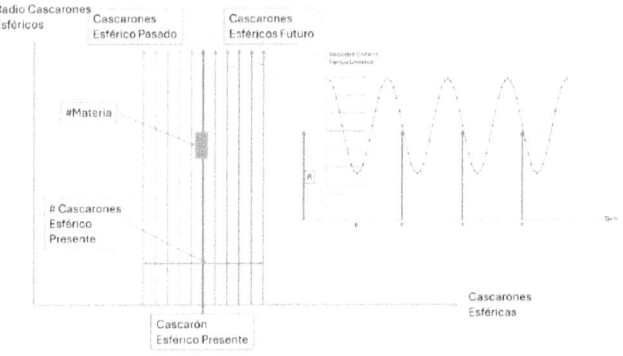

Dibujo N°9
Gráfico del universo DOT, usando la función Seno.

La herramienta que estamos construyendo ahora nos permite en un gráfico euclidiano de números naturales poder graficar un universo espacial en el cual se puede representar todos los espacios del futuro y pasado solo con una flecha, este grafico sería en dos dimensiones pero vamos adelantar que falta por incluir el tiempo que miden nuestros relojes y el campo de tiempo universal, con estas informaciones en el grafico del universo DOT nos permitirá más adelante en los capítulos siguientes, visualizar y entender que es la teoría de la relatividad y dónde se origina.

Se mencionó que en el dibujo que denominaremos el grafico del universo DOT, que hasta este momento solo tiene dos ejes coordenados, falta un tercer eje que es el eje del tiempo que miden nuestros relojes. Con este eje el grafico ha quedado completo, para los lectores que tengan conocimiento de física, el poner este eje en fase con él presente del cascarón esférico del presente, tienen una complicación conceptual y por esto es necesario de aclarar, hasta el momento en el universo DOT no existe materia, es decir, no hay nada en el universo DOT, ya sea en los cascarones del presente, pasado o futuro, debido a esto es factible y posible poner el tiempo en fase con la flecha que representa, el presente sin dar una mayor explicación en relación de por ejemplo el problema de desface de relojes que se originan por la relatividad especial. Tendremos un capítulo explicando este punto más adelante.

Y hay que remarcar de acuerdo con los axiomas que se han mencionado anteriormente de este trabajo, solo existe o se produce tiempo que miden nuestros relojes en el cascarón del presente, en este se genera vida y tiempo coordenado. Pero necesitamos definir otros dos tiempos que tendrán utilidad en el futuro, el tiempo reactivo tal como se muestra en este gráfico está en fase con la coordenada radial del universo DOT, es decir, es un vector que apunta hacia al futuro del cascarón esférico del presente.

Hay un tercer tiempo que denominaremos aparente y es la suma vectorial del tiempo coordenado, más el tiempo reactivo. Estos tiempos es útil que el lector se dé un momento en entenderlos y recordar, lo anterior porque, primero son propios solo del universo DOT, no existen en nuestro universo en el que vivimos, estos tiempos. Estos nombres que le hemos dado a los tres tiempos que existen en el universo DOT tienen su origen en un fenómeno que ocurre en electricidad con relación del voltaje y la corriente y que es conocido como desface de estos dos fasores y este desface origina tres tipos de potencia eléctrica, efectiva, reactiva y aparente. Lo anterior es solo un dato cultural, pero cuando de nuevo se aborde la aplicación de estos conceptos en los tipos de tiempo, se verá que tiene mucha semejanza con el fenómeno de la electricidad.

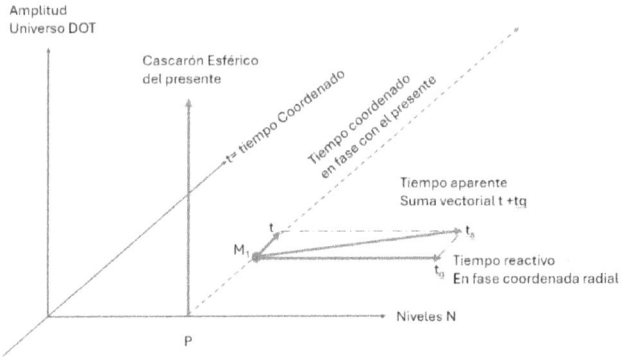

Dibujo N°10
Gráfico con tiempos del universo DOT

Hay un tema conceptual que es importante destacar y se trata del tiempo coordenado el que miden nuestros relojes, en este trabajo se afirma que este tiempo, solo existe en el presente, en el cascarón del presente, no está o no se produce, en los cascarones del futuro o del pasado. Además, se afirma que solo tiene una dirección de avance hacia adelante, hacia el futuro, pero su registro es en el presente. Hay un ejemplo para entender esta explicación que lo usaremos reiteradamente dentro de este libro y confieso que hace pocos instantes, me llegó mucha información en relación del ejemplo que explicamos a continuación. Por lo que decidí darle la importancia que cuando lo escribí por primera vez no se la di. Los lectores deben pensar lo anteriormente explicado, esto se asemeja a como se proyecta una película en el cine, el proyector emite una luz que atraviesa la película, en los negativos donde está firmada o registrada la película, es la que contiene la información fotográfica que se emitirá en la pantalla, la película para nuestro ejemplo, es el espacio, que pasa por la lámpara del presente y que genera tiempo cuando se está emitiendo, la película del futuro y la del pasado, es decir, la película que ya se emitió y la que aún no se emite no tienen vida ni generan tiempo, solo la que está siendo atravesada por la luz de la lámpara, que en nuestro universo sería el presente, es donde se genera vida. La luz del proyector es el campo de tiempo universal, el cual por sí mismo no es tiempo, el tiempo en la película es la suma del movimiento de las imágenes ahí registradas. El tiempo coordenado es el que si las imágenes tuvieran vida sería el que miden los relojes de los actores, el tiempo reactivo es un tiempo que solo conoce el que proyecta la película y tienen que ver con la velocidad de avance de la película, los dos tiempos son vectoriales, el tiempo aparente es la suma vectorial de los dos tiempos.

Con estos conceptos internalizados por el lector ahora se puede comenzar a entender este universo DOT, ya contamos con los pilares del universo y contamos también como trabaja, lo que falta es ahora poner materia, ver si es posible hacer trabajar la teoría general de la relatividad en este universo y luego tratar de plantear problemas en este universo, que, a juicio del autor, es más fácil de comprender con esta herramienta y eso se podrá comprobar más adelante.

Lo importante de la construcción que se ha desarrollado, es que este universo se permite, sin violar demasiado las leyes de la naturaleza, que coexistan el mundo que describió Allan Kardec y el mundo que nos mostró Albert Einstein y Isaac Newton, el punto de encuentro y de diferencias entre estos mundos, es que en el universo DOT las leyes de la física que estos dos físicos encontraron, solo se cumplen en el cascarón del presente, en los cascarones del futuro o el pasado, la verdad que no se conoce, púes nosotros si viviéramos en el universo DOT, solo viviríamos en el presente.

En este capítulo queremos abordar un problema conceptual en relación de la afirmación: Cuando miramos a nuestra estrella en el firmamento, la que está más cerca de nosotros Alfa Centauri, se afirma que está a cuatro años luz de distancia, con este problema o planteamiento podemos intentar aplicar la herramienta desarrollada en este libro y aprovechar de hacer un ejercicio intelectual para ayudar al lector a comprender la utilidad del universo DOT.

En el universo DOT, para hacer este ejemplo, se debe proyectar en el cascarón esférico la ubicación de nuestro planeta y la estrella al momento de emitir su luz. Para este propósito, lo que debemos hacer, es poner los ladrillos de la estrella distanciados 4 años luz de distancia de nuestro planeta en los cascarones esféricos, esa es la ubicación inicial, es como una carrera entre la luz que emite la estrella y nuestro planeta viajando al futuro, lo importante de entender es que la luz viaja a su velocidad y en él universo DOT, nuestro planeta y todo el cascarón esférico del presente, viaja al futuro a la velocidad de la luz, esta posición se encuentra graficada en un corte del cascarón esférico del dibujo de más abajo.

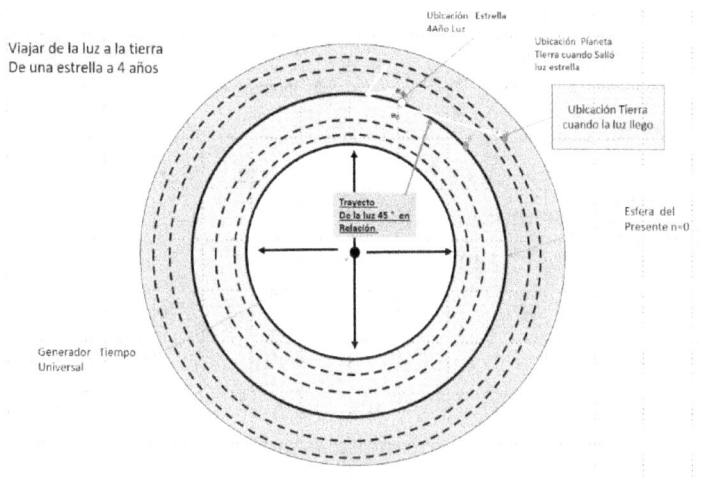

Dibujo N°11
Distancia alfa Centauri

Vamos a suponer que este es el primer rayo de luz que salé de la estrella, en la tierra no se ha recibido ningún rayo de esta estrella, esto considerando la luz como una partícula, por eso hablamos de rayo. También sabemos del universo DOT, que el presente avanza hacia el futuro a la velocidad de la luz, es decir, tenemos dos competidores que tiene la misma velocidad, el rayo de luz de la estrella y la tierra que viaja al futuro a esa velocidad.

Vamos hacer una suposición del ejemplo, es que nuestro planeta, la estrella y nuestro sol se mueven en paralelo, entonces podemos armar un triángulo para ver cuál es la distancia de nuestro sol a la estrella que se está midiendo, en un lado de este triangulo están los 4 años luz de distancia que es la partida de esta carrera, en el otro lado se encuentran otros 4 años luz que es lo que recorre el presente para llegar al futuro a interceptarse con el rayo de luz de la estrella, entonces la distancia que recorre la luz para llegar hasta nuestra estrella es la hipotenusa de este triangulo isósceles formado por estos dos catetos iguales, entonces la luz ha recorrido un cuarenta y dos por ciento más que los cuatro años luz , es decir, tenemos un problema o los astrónomos están midiendo mal las distancias, o ya están considerando este efecto en su cálculos.

Aunque no es el objetivo de este libro el encontrar una aplicación a lo que en él se postula, me llegó este ejemplo y por esta razón decidí incluirlo, lo cual tiene varias aristas para el lector, la primera y más importante es que es un ejemplo muy útil para entender la herramienta, la segunda arista es que de ser verdad esta aplicación mostraría la facilidad de entender la corrección o error en el cálculo de la distancia a algunas estrellas.

Finalmente, solo un comentario conceptual es que podemos hacer un gráfico ya sea en los cascarones esféricos o en el grafico del universo DOT y fijar en el presente, la distancia de cuatro años luz, conceptualmente no hay manera que esta distancia sea medida en la realidad, es un concepto teórico, pero sabemos por la definición de la herramienta que el potencial de los cascarones esféricos viaja al futuro a la velocidad de la luz. Pero también en el universo de Albert Einstein se da por aceptado este concepto que nosotros nos movemos al futuro a la velocidad de la luz, es decir, ambos universos comparten esta característica.

¿Dónde Está Mi hijo?

Capítulo Cuatro

Relatividad Especial en el Universo DOT

Había obtenido un contrato para el suministro de una grúa en puerto de San Antonio Chile, el proyecto tenía sus complicaciones propias de la ubicación en el muelle de la grúa que habíamos vendido, la grúa en total pesaba doscientas cincuenta toneladas y se trajo en cuatro grandes partes, el problema fue como hacer el montaje, ahí se decidió por sugerencia de una empresa local y de su dueño el cual aseguró que él podía montar la grúa a una distancia de ochenta metros y un peso máximo de 80 toneladas a una altura de 40 metros, con estas distancia la maniobra en si era una proeza, por esta razón decidí , en realidad debe haber sido sugerencia de Carolina llevar a mi hijo Daniel a ver esta maniobra, esto fue en el año 2008, le tomé fotografías junto con las grúas y le expliqué de que se trataba y como había sido la negociación para poder hacer este trabajo de esta manera.

Le conté la anécdota de como se había gestado la solución de usar esta grúa de montaje gigante, el usar esta maquinaria implicaba mover las oficinas del puerto que se ubicaban en frente de donde se realizaría la maniobra, entonces tuvimos que decir al cliente, el cual en ese momento se encontraba en Alemania en la fábrica inspeccionando la grúa que sería enviada a Chile.

En esa coyuntura se me ocurrió a mi explicarles a mis socios alemanes, pero en un inglés que siempre me ha costado, solo fue una conversación telefónica, les dije a los alemanes tenemos que hacer "una minga", díganles a los clientes que están en Alemania, les diga cual es el significado y de que se trata esta maniobra y esa palabra a mis socios alemanes.

Foto N°2
Daniel Grúa San Antonio

Mi hijo Daniel en todo el camino no paro de reírse por cómo les había contado a los alemanes y al cliente en Chile el problema de correr las oficinas de gerencia y operaciones, que en todo caso eran solo contenedores con todos sus servicios conectados y claro era una complicación hacer este trabajo.

Estuvimos todo el día en la faena, le mostré los equipos, las complejidades del proyecto, regresamos a medio día, lo invité a comer en un lugar típico entre San Antonio y Viña del Mar de nombre, " Lo Abarca", es un lugar pequeño, casi un par de calles, olvidado en el tiempo, años atrás esa era la ruta principal hacia San Antonio, hoy solo los que saben o tienen alguna actividad se desvían a ese lugar, hay dos restaurantes de comida típica de Chile, nos sentamos en el más demandado, el cual es bastante rusticó y me pareció que a mi hijo Daniel no le agradó, le pedí papas fritas y un costillar de cerdo, para mi ensaladas con costillar, fue un día redondo, nos pusimos a conversar de la vida, me costaba extraer respuestas a mi hijo que solo pensaba en video juegos, Daniel me dijo que la entrada de San Antonio le recordó en algún momento Lima Perú. De regreso por la ruta 68 que conecta Santiago con la quinta región, el camino estaba con los aromos todos llenos de flores y conversamos de su constante alergia por estas flores de este árbol, se veía hermoso el camino y Daniel me lo manifestó a su manera. Hoy día atesoro todos esos momentos.

Regresemos a nuestra búsqueda, en este capítulo tenemos un gran desafío, el primero es para el que escribe , que tratará de explicar el universo DOT y la relatividad especial, para los lectores entenderla, antes de escribir este libro y el articulo científico que estoy desarrollando en paralelo, me puse en la tarea de estudiar en el curso de Javier García, un profesor Español que tiene en YouTube un curso de esta materia, son cien capítulos para explicar la relatividad general, en los capítulos 18 y 19 está explicada con rigurosidad matemática la relatividad especial, para los lectores que desean tener una explicación en detalle con la matemática necesaria para entender las dos teorías de la relatividad, les recomiendo que puedan mirar esos capítulos, claro hay que tener un buen dominio de matemática vectorial, algebra y ecuaciones. Por ejemplo, tengo un grado universitario en ingeniería, cuando realizaba el curso tenía olvidado muchas cosas, en especial la diferencia entre hacer una derivada total y parcial. No me recordaba de cuál era la diferencia y en relatividad a cada rato hay que hacer esta distinción.

Sabía relatividad especial antes de hacer el curso, pero confieso que lo tenía oxidado este conocimiento, además Javier García se preocupa de enseñar y hacer un curso muy serio. Con matemática que no conocía.

Estaba estudiando este curso y también creo que canalizando información del universo DOT, sabiendo que tenía el gran problema de hacer conversar el universo DOT con la relatividad especial con la matemática que Javier García ocupa en su curso. Una noche se me vino a la cabeza la respuesta, en mi caso hay un instante entre que me quedó dormido y estoy despierto, o también ocurre que me despierto en la noche, estoy entre despierto y dormido, me empieza a trabajar mi cabeza con respuestas ahora específicamente de cómo trabaja el universo DOT.

Una de estas respuestas, se refiere específicamente como trabaja el universo DOT con relatividad especial, que ahora explico en estas páginas. Para entrar rápidamente en materia para los lectores que no la conocen y no entienden cuál es la diferencia entre las dos teorías de la relatividad, les puedo decir que, como regla nemotécnica, la relatividad especial es la que habla de la paradoja de los hermanos gemelos, entonces cuando piensen en relatividad especial, deben recordar la paradoja de los hermanos gemelos.

Lo que se explicará en este capítulo no es la paradoja, ni siquiera vamos a hacer y contar por que se produce, es más les voy a decir que la paradoja de los hermanos gemelos no es una posibilidad en el universo DOT, vamos a abordar la relatividad especial desde el punto de vista conceptual, no vamos a desarrollar las fórmulas ni nada parecido. Si, vamos a hacer dos afirmaciones muy temerarias:

1. Las fórmulas de relatividad especial de las transformada de Lorenz y el espacio de Minkowski son correctas y son las mismas para el universo DOT.
2. Las fórmulas de Minkowski y Lorenz solo funcionan en el presente del universo DOT.

Hay que explicar el alcance de estas afirmaciones y explicar al lector la implicancia y la desviación con lo que se acepta en nuestro universo de acuerdo con la relatividad especial de Albert Einstein. Una aclaración histórica para los lectores que por primera vez abordan la temática de la relatividad especial, Lorenz con su transformada son antes que Albert Einstein, de hecho, este físico lo que hace es explicar la transformada de Lorenz en la teoría de la relatividad especial. Minkowski es posterior a la relatividad especial de Albert Einstein, pero este físico sistematiza mediante vectores, métrica y transformada de dos espacios inerciales, uno en relación del otro, que es lo que está explicado en capítulo 18 del curso de Javier García, que como les he recomendado pueden ver para tener una mayor claridad de lo que aquí se está planteando, en resumen, con las dos afirmaciones, axiomas, se está validando la relatividad especial en el universo DOT. Podríamos terminar el capítulo aquí, ya con esos axiomas está la tarea realizada, pero lo que vamos a hacer es explicar estos dos axiomas a continuación.

Todo comienza cuando dos físicos tratan de hacer un experimento lanzando fotones o midiendo la velocidad de la luz , en un caso a favor del movimiento de la tierra alrededor del sol y en el otro caso en contra del movimiento de la tierra, lo que ellos esperaban obtener eran dos velocidades diferentes, lo anterior por una aplicación de la suma de velocidades de las leyes de Newton, en un caso cuando se midió la velocidad de la luz a favor del movimiento de la tierra, el resultado esperado, era la suma de la velocidad de la luz y la velocidad de la tierra, en el otro caso obtener la resta de estas dos velocidades, los físicos que realizaron el experimento por 1890, son Michelson y Morley, en su famoso experimento obtuvieron algo que no esperaban, que la velocidad de la luz es una constante y no tomaba en cuenta la dirección en la cual se realizaba la medición, en otras palabras, en los dos casos obtuvieron la medición de la velocidad de la luz, en ninguno de los dos experimento, se restó o se sumó la velocidad de la tierra. Este experimento se conoce en el mundo de la física experimental como el mayor fracaso que resultó ser un éxito. El experimento en cuestión se ha repetido innumerables veces y el resultado es el mismo.

Luego se realizaron diferentes experimentos y en diferentes lugares, el resultado fue similar, es decir, la velocidad de la luz es un valor absoluto, vamos a hacer un ejemplo grafico para que el lector lo entienda. Supongamos una carrera de dos haces de luz, un haz comienza de un punto fijo en la meta y el otro está montado en un auto de alta gama modelo Ferrari que en dos segundos recorre dos kilómetros, la luz recorre en un segundo 300.000 kilómetros, si ponemos la meta al doble de esa distancia, entonces la pregunta es: ¿Quien llega primero? La respuesta es que en dos segundos ambos haz de luz recorrerán 600.000 kilómetros, y los dos llegarán al mismo tiempo a la meta. Eso es lo que significa que la luz es un valor absoluto. Se ha supuesto que existe en este experimento una carretera de 600.000 kilómetros, que es el doble de la distancia de la luna a la tierra. Es decir, este experimento es un ejercicio mental imposible de realizar en la práctica. En resumen, la velocidad de la luz es un valor absoluto, lo que significa que tiene el mismo valor independiente del estado del observador.

Albert Einstein sabia de esta situación y con esta información desarrolló su teoría especial de la relatividad, para ser justo otro físico de apellido Lorenz, dedujo una fórmula matemática que en simple hace que cuando se aplica, la suma de dos velocidades nunca supera la velocidad de la luz. Lo que hace Albert Einstein es su magistral interpretación y también deducción, es decir, que sistemas inerciales no pueden superar la velocidad de la luz y que las leyes de la física son las mismas en todo el universo en sistemas inerciales, cuidado que no dice nada de sistemas acelerados. El lector recuerde este importante comentario que se ha realizado, en sistemas acelerados en teoría se puede viajar más rápido que la velocidad de la luz. Einstein deduce sus famosas fórmulas de energía en relatividad especial.

Es importante entender, sí es que el lector se lo está preguntando, se puede afirmar que todos los planetas son sistemas inerciales pues rotan a velocidad constante del sol, las estrellas lo hacen alrededor de las galaxias u otro cuerpo celeste, por eso la teoría de la relatividad especial tiene esta aplicación.

Pero regresemos a Minkowsky y es un desafío para mí y para ustedes entender lo que hace Minkowsky con la relatividad especial sin usar nada de fórmulas. Solo conceptos, el tema se reduce a explicar dos observadores, el primer observador es fijo, no se mueve, en lenguaje de los físicos es un observador estático, el segundo observador es un observador inercial, es decir se mueve en relación con el observador estático a velocidad constante. Esta es la base de la explicación por esta razón, permítanme un ejemplo de estos dos observadores, supongamos una carretera recta sin curvas y sin desnivel en todo su trayecto e infinita, es decir, en la carretera puede correr un vehículo a una velocidad cercana a la luz, un observador estará ubicado en el inicio y no se moverá durante todo el experimento u análisis, el segundo observador está en un automóvil que está a velocidad constante, es decir nunca se detendrá. En esta representación hace falta el tiempo y para Minkowski este, es un eje que está a ortogonal a la carretera.

Ahora la física para los dos observadores define y calcula distancias, tiempos y vectores de la base, que luego para reunir los vectores de longitud y tiempo en una sola representación, a esto lo denomina métrica, esta palabra es usada recurrentemente en relatividad, de hecho, en relatividad general la métrica es la incógnita de las ecuaciones de Einstein. Métrica es una matriz donde se reúne la información de vectores de distancia y de tiempo de cada observador. Una cosa más los vectores de tiempo y distancia del observador Inercial, el que se está moviendo, al tiempo que mide este observador se le conoce como tiempo propio y este observador también tiene distancias propias, por llamar las de alguna manera.

Lo que hace relatividad especial es desarrollar fórmulas que relacionan los vectores de ambas bases, estas son las transformadas de Lorenz que lo que hace es un sistema de dos ecuaciones que transforman las magnitudes de una base a la otra, pero estas cantidades son invariantes bajo-transformadas de Lorenz.

No es fácil de entender para los lectores que no son asiduos en esta temática, para lo que les voy a entregar una regla nemotécnica. En este caso suponga dos cajas una fija y otra móvil, dentro de la caja hay un físico y este calcula una serie de números que él le denomina vectores y métricas, en la otra caja hay otro físico que hace lo mismo, son dos físicos que no se conocen ni saben lo que están haciendo cada uno. Pues aparece el señor Lorenz y su transformada y les dice a los físicos, para que tu puedas hablar con el físico de la otra caja, lo que tu calculaste se transforma de esta manera y si se hace así, es una cantidad invariante para los dos observadores.

Aquí aparece el problema de los hermanos gemelos, debido a que Lorenz cuando hace la transformación de lo que mide el físico de la caja estática y de la caja que se mueve a velocidad de un ochenta por ciento de la velocidad de la luz, descubre que los relojes de los dos físicos tienen ritmos diferente, esa es la razón de que si se hace pasar el tiempo en este experimento según esta matemática, es como viajar al futuro, es decir, para el físico que está en la caja inercial, estaría viajando al futuro, esto es la colisión con el universo DOT, pues en el universo que hablamos en este libro, solo existe vida en el presente, si pretendes viajar al futuro o al pasado, lo que se está haciendo es cambiar de cascarones que tienen diferente potencial del tiempo universal. En esos cascarones no existe vida ni tiempo coordenado.

Entonces: ¿Cómo se hace?, pues recordemos que se definió que las ecuaciones o transformada de Lorenz se aplican en el universo DOT, confieso que esta era una de mis principales dudas y esta es la que pienso, me la soplaron del universo de los espíritus.

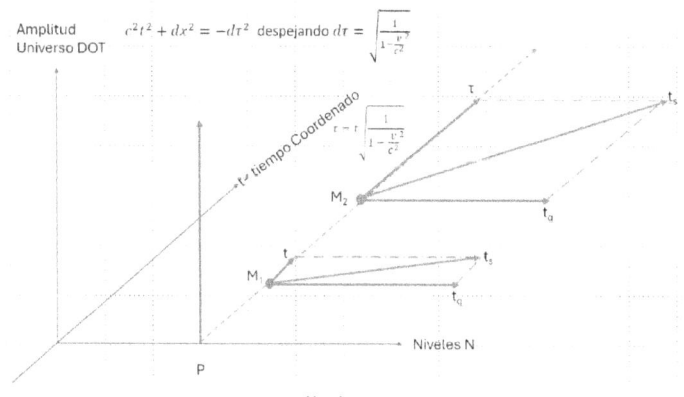

Dibujo N°12

Relatividad Especial

Es muy fácil la respuesta: En realidad lo que hace la relatividad especial es impedir que se viaje al futuro, que se cambie de cascarón con diferente potencial. En el dibujo que se muestra a continuación se muestra un gráfico del universo DOT con el tiempo coordenado y con los dos observadores que son mencionados en el experimento de Minkowski. En este universo es muy claro porque no se puede viajar más rápido que la velocidad de la luz, en nuestro universo en el real no se sabe porque no es posible viajar más rápido que la luz. Es el dato de entrada de cómo se desarrolló la relatividad especial por Albert Einstein.

Como se ha mencionado, el cambio de cascarón del futuro al presente es a la velocidad de la luz, es decir, el potencial del tiempo universal cambia de cascarón a cascarón a la velocidad de la luz. Si alguien en el cascarón del presente intenta viajar más rápido que la velocidad de la luz llegaría a un cascarón del futuro en el cual no hay vida ni se genera tiempo efectivo.

Esa es la razón en el universo DOT, es imposible viajar a la velocidad de la luz, si se hace el experimento de que un móvil viaja a la velocidad de la luz. Nuevamente tengo la duda de si me lo inventé o me llegó la información. Lo que pasa es que, si alguien trata de ir más rápido que la velocidad de cambio entre cascarones, ocurre que los ladrillos de los cascarones esféricos se fusionan y aumentan su potencial, le provocan un roce al observador inercial que está tratando de ir a esa velocidad cercana a la velocidad de la luz.

En el ejemplo del proyector de cine hay una buena analogía, si recuerdan el presente es la luz que el proyector de cine pasa a través de las películas, el rollo de la película es el espacio, si un actor quiere moverse más rápido que la velocidad con que cambia los fotogramas del rollo de la película, este se quedaría casi inmóvil en la película en relación de los otros actores que lo hacen a velocidad normal. Para un espectador que está mirando la película, observaría a los actores moverse a velocidad normal y al que trata de ir a la velocidad con que cambia los fotogramas, lo observaría estar casi detenido.

Es decir, relatividad especial se aplica y es una herramienta en el universo DOT para impedir que la materia viva o inerte se escape del presente, si una materia o cuerpo toma velocidades superiores a la que los cascarones cambian, ocurre que esa materia llegaría donde no está permitido la vida y no trascurre tiempo coordenado. Se ha llegado a una poderosa herramienta y conclusión, al afirmar que en el universo DOT relatividad especial no solo se aplica, es necesaria para el funcionamiento del diseño del universo DOT.

Es claro para el diseño del universo DOT que nada puede viajar más rápido que la luz, pero con una aclaración muy importante, en el presente, entonces la afirmación es: En el universo DOT nada puede viajar más rápido que la luz en el presente.

La pregunta es :¿Que hace el universo DOT para impedirlo?, vamos a profundizar en la respuesta, para eso vamos a hacer o sugerir un experimento mental, recordemos a los dos observadores, el que está estático y el que se mueve a velocidades cercanas a la luz, vamos a diseñar una habitación separada por un cristal transparente y teóricamente vamos a poner a los dos observadores en la habitación de tal manera que se puedan mirar, en otras palabras el cristal es en realidad, la transformada de Lorenz para las variables de longitud y tiempo que los dos observadores miran uno del otro.

Este experimento tiene como objetivo mostrar la diferencia de lo que Albert Einstein predice que pasa en nuestro universo y que es aceptado por todos los físicos, con los dos observadores, en la realidad los dos observadores están separados y a cada instante del tiempo coordenado aumenta esa distancia. La relatividad especial de Albert Einstein dice que la velocidad de la luz para los dos observadores es la misma, ahora el lector debe hacer el siguiente razonamiento, la magnitud de velocidad es una división de una magnitud de longitud dividido por una magnitud de tiempo, si mantengo constante la magnitud de velocidad y alargo la magnitud de tiempo, también se alargan las magnitudes de longitud, para mantener constante la magnitud de velocidad.

Entonces que ocurre de acuerdo con Albert Einstein, es que el observador estático, al mirar a través del cristal al observador que se mueve a velocidad constante cercana a la luz, lo ve casi detenido y con dimensiones alargadas, lo anterior por lo explicado en el párrafo anterior, el tiempo y la dimensión de longitud del observador inercial, se estiran mirados desde el observador estático. Para Einstein eso es viajar al futuro, en la interpretación en este libro, lo que dice Albert Einstein equivale a poner en un congelador a uno de los observadores, el que se mueve a velocidad constante cercana a la velocidad de la luz. Lo anterior es válido en el caso que, si no se muere el observador en el experimento, claro cuando lo descongeles, si ha sobrevivido, habrán pasado los años, si tenía familiares ellos habrán muerto, lo cual en realidad no tiene nada de novedoso planteado de la manera que se ha explicado.

En el universo DOT ocurre lo mismo, pero con una explicación diferente, no es que viajes al futuro, el espacio te impide que cambies de cascarón. La pregunta es: ¿Como lo hace?, la respuesta es, con la ayuda de los ladrillos del universo DOT, se puede pensar de la siguiente manera , si un corredor se desplaza por un camino con un mismo potencial en toda la ruta, si las velocidades de un observador inercial a lo largo de este camino, son bajas en relación de la luz, entonces el camino donde transita el observador, no le pone resistencia, él puede moverse con facilidad, pero si comienza acelerar y acercarse a velocidades de la luz, ocurre que los potenciales de los ladrillo se empiezan a sumar y ofrecer resistencia al observador inercial , esta oposición y su cuantificación, es la transformada de Lorenz, es decir, los ladrillos para este observador se fusionan y ahora son más grandes, pero vistos del observador estático.

Esta es la diferencia de cómo se aplica la relatividad especial en nuestro universo, el de Albert Einstein y como se aplica en el universo DOT, en el experimento de la habitación con el cristal que separa a los dos observadores, pues no hay diferencia si se analiza la relatividad especial en los dos universos, la diferencia está en la interpretación.

Se que para los lectores no habituados a la relatividad especial este capítulo es un gran desafío, le sugiero que recuerden solo lo siguiente, relatividad especial en el universo DOT es una herramienta que permite a la materia no escapar del cascarón esférico del presente.

En este capítulo entramos en el ámbito de las hipótesis, debido a esta afirmación es que me atrevo a dejar planteadas unas ideas que espero desarrollar en una futura publicación. En la dinámica explicada del sistema del universo DOT, hay una inclinación del que escribe, en modelar el universo con herramientas matemáticas y tecnológicas de la especialidad ingeniería eléctrica, esto se hace manifiesto por ejemplo en los nombres de los diferentes tiempos que aquí se hace mención. También en el capítulo de más adelante hay que proponer que los agujeros negros son condensadores de campo de tiempo universal. El espacio es un flujo que se mueve por diferencia de potencial de los cascarones esféricos, en alusión como la corriente eléctrica se mueve por diferencia de voltaje.

Entonces en esa línea quiero expresar algunas ideas que al lector le pueden ayudar aclarar el funcionamiento de este universo, hay un concepto en especial que es bueno ahondar en él, que dice relación con la materia y como se representa en el universo DOT. Ahora nos preguntamos, ¿Si se puede asemejar la materia a un concepto de la ingeniería eléctrica?, la respuesta es afirmativa, pero con algunas diferencias, en la dinámica del universo DOT, el espacio fluye en los diferentes cascarones, en cambio la materia se mantiene en el cascaron del presente, lo anterior es una descripción de un flujo de corriente eléctrica(el espacio) fluyendo por una resistencia o carga eléctrica(la materia), el campo de tiempo universal, se puede asemejar a un voltaje que hace que la corriente fluya(el espacio). Hay más coincidencias, el espacio al fluir por un tipo de carga(materia) crea o gasta tiempo coordenado, esto también ocurre en ingeniería eléctrica la corriente al fluir por cargas denominadas resistencias, produce potencia efectiva, también la corriente al circular por otro tipo de carga origina potencia reactiva. Ambas potencias son la suma vectorial de las dos anteriores (Efectiva y Reactiva). Lo mismo que los tiempos en este capítulo de relatividad especial del universo DOT. Hay otro concepto de esta especialidad que es el factor de potencia que se puede aplicar en los tiempos que se han definido para el universo DOT.

En los tres tipos de tiempo que existen en el universo DOT, el vector de tiempo coordenado debe ser pequeño en relación con el vector tiempo reactivo, lo anterior se debe a la aplicación de la relatividad especial, entre estos dos vectores, se forma un ángulo, el cual debe ser pequeño para que no aplique relatividad especial, si ese ángulo es grande, tiene sentido la aplicación de relatividad especial, si no aplica la física de Isaac Newton.

A lo explicado anteriormente en ingeniería eléctrica, se le denomina factor de potencia, en la facturación de la empresa pasar de un cierto valor de factor de potencia, es una penalidad que aumenta el precio de la energía. En el universo DOT, la penalidad por aumento del factor de potencia, ángulo entre el vector de tiempo coordenado y tiempo reactivo es una penalidad que se paga con la aplicación de la relatividad especial, el tiempo coordenado para un cuerpo que se mueva a velocidades cercanas a la de la luz se le denomina tiempo propio y la magnitud del tiempo propio es la que se calcula con las transformada de Lorenz, esta magnitud es directamente proporcional al factor de potencia de los tiempos del universo DOT.

El desarrollo matemático de estos conceptos para hacerlos compatibles con la formulación del universo de Albert Einstein por ahora es una puerta que se deberá explorar en futuros trabajos, solo quería hacer una pequeña introducción de estos conceptos y para los lectores que tengan las herramientas también ellos puedan explorar estas temáticas.

Pensaba terminar este capítulo con lo que he escrito en las líneas anteriores. Sucedió que necesité agregar estas nuevas líneas que escribo ahora, son fruto de una nueva información que creo haber recibido o haber deducido, que afectan en una medida no menor a lo explicado en los capítulos anteriores, el libro estaba finalizado y me surgió la necesidad de agregar lo que a continuación explico, para que el lector entienda el alcance de este adicional, debe conocer que hay dos incógnitas actuales de la física en el universo de Albert Einstein, que la ciencia o la física clásica no conocen respuestas:

1. ¿Qué es el tiempo?
2. ¿Por qué no se puede superar la velocidad de la luz?

En el universo DOT se puede tener una respuesta de estas dos preguntas, o al menos una hipótesis, digo esta palabra, por rigurosidad en el lenguaje, pero por la construcción de la dinámica del universo DOT, puede ser una teoría, claro, en el universo DOT. En este capítulo, se mencionó que el universo DOT se ha modelado con herramientas de ingeniería eléctrica, en esa línea, tenemos que hay un flujo de espacio que atraviesa continuamente la materia. Con esta definición del universo DOT se puede responder que es el tiempo y lo que implica:

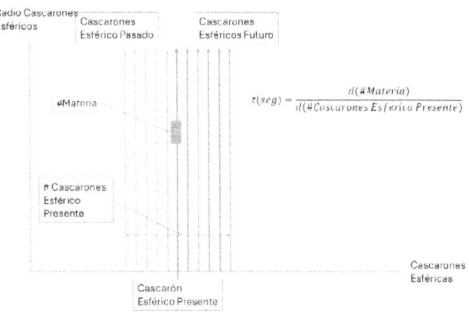

Dibujo N°13

El tiempo en el universo DOT es: Una diferencia de potencial del tiempo universal, medidas en el presente. Para entender esta definición regresemos al ejemplo de la sala de cine, el tiempo para los actores en la película, se mide entre lo que marca el reloj en una imagen que está siendo proyectada y otra imagen que se proyectará en el futuro de la película. En ese sentido el tiempo es un vector tangente al cascarón del presente.

¿Por qué no se puede ir más rápido que la luz en el universo DOT?, debido a la naturaleza del tiempo, en el ejemplo de la sala de cine, se puede entender de mejor manera este concepto, hay dos relojes para la película proyectada, el reloj de los actores dentro de la película y el reloj del operador del proyector, o mejor dicho el reloj de avance del carrete de la película en el proyector. En el universo DOT la velocidad de avance del carrete es la velocidad de la luz, si la materia quiere acercarse a la velocidad de la luz, está tratando de llegar al futuro, antes que el cascarón del presente. Además, si lo hace continuamente está disminuyendo la diferencia de potencial entre los dos cascarones del presente y por esta razón el tiempo pasa más despacio para esa materia que está tratando de superar la velocidad de la luz.

Entonces si una materia intenta viajar más rápido que la luz, se origina el problema de dos vectores con igual velocidad viajando en sentido contrario, debido a lo anterior, es que un observador estático en el cascarón esférico del presente observa que el cuerpo inercial que viaja cerca de la velocidad de la luz realiza sus movimientos lentamente.

Lo escrito en los párrafos anteriores, requiere de algunas definiciones para cuantificar un segundo, entonces podemos decir que la unidad de medida de tiempo de un segundo es una diferencia de potencial entre dos cascarones esférico del presente, esta cantidad de cascarones de espacio atravesando el cascarón del presente es una cantidad fija.

Se puede argumentar que como los cascarones de materia residual , no tienen materia, no hay una diferencia de potencial posible entre los cascarones del pasado o futuro y esa es la razón de que cuando nos conectamos con los espíritus, manifiestan que el tiempo carece de sentido al otro lado, se podría dar por finalizado el punto, de acuerdo con las líneas que se han planteado, pero hay un problema, en nuestro cascarón del presente, las frecuencias están conectadas a esos dos términos, tiempo y velocidad de la luz, si aceptamos que en los cascarones de la energía residual no se genera tiempo coordenado, estamos afirmando de pasada que no hay frecuencias y la velocidad de la luz deja de tener sentido en los cascarones del pasado(Cascarones donde viven los espíritus), debido a esta argumentación, el que escribe descarta tal posibilidad, la alternativa que se considera válida, como la materia es residual, también lo es el tiempo que se genera, es un tipo de sub producto del tiempo coordenado, que vamos a denominar tiempo residual que altera las frecuencias que hay en el mundo de los espíritus.

Necesitamos que el lector entienda lo que en líneas anteriores se ha descrito. Para eso se requiere una explicación del concepto de frecuencia y que conceptos están detrás de esa palabra para un físico y un matemático.

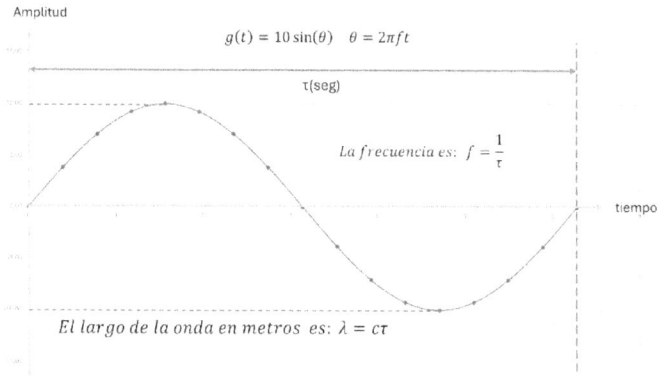

Gráfico N°1

Función seno y conceptos de frecuencia

La frecuencia desde el punto de vista matemático describe fenómenos naturales que tienen una repetición periódica en el tiempo, por ejemplo, las olas de mar arribando a una playa, para determinar cada cuánto llega las olas a la playa, hay que tener una dimensión de tiempo, ejemplo, llegan cada cinco minutos las olas a la playa con una amplitud de tres metros (la frecuencia), estas olas tienen dos sentidos de avance, la ola entrando a la playa es positiva en su sentido de avance y negativa cuando se retira de la playa, se dice que la ola cumplió un ciclo completo, medido del inicio de la entrada hasta cuando termina de salir. Hay una velocidad de la onda de la ola que se mide considerando por ejemplo una partícula de agua, la velocidad que tendría en el trayecto de un ciclo completo. En el grafico número uno se muestra una función matemática que es la función senoidal que describe el comportamiento de la ola, hay que considerar esta función como un lenguaje que nos ayuda en una sola función a reflejar el comportamiento de las olas del mar descrito anteriormente.

La frecuencia en esta función es la cantidad de repeticiones de ciclos y un ciclo está compuesto por una cresta positiva y otra negativa, la velocidad de la onda en nuestro caso es la velocidad de la luz, el largo de la onda se mide entre los puntos más altos de dos crestas positivas o negativas.

Hasta este punto solo hemos descrito lo conocido y aceptado por la ciencia. Tengo que mencionar que nunca fue la idea de este libro entrar a explicar el tema de frecuencias y sus conceptos, pero de verdad es muy necesario por lo que explicaremos a continuación. Como se mencionó el tiempo y la velocidad de la luz están en el corazón del concepto de la frecuencia, todas las frecuencias que hay en el cascarón del presente son medidas en relación del tiempo coordenado y la velocidad de la luz. Tal como se ha definido en el universo DOT, el tiempo, es la diferencia de potencial del campo tiempo universal. En el presente no hay ningún cambio con esta definición, el cambio se origina en los cascarones del pasado, decimos que se produce tiempo residual por una diferencia de potencial de los cascarones donde viven los espíritus de nuestros seres queridos, si los cascarones del pasado son la misma cantidad que los cascarones del presente, pero cambia las diferencias de potencial , un segundo en el presente, es totalmente diferente de un segundo en los cascarones del pasado, aquí reside el tema del tiempo residual, si el los cascarones del futuro y pasado, la materia residual produce un tiempo residual, de una magnitud diferente que el tiempo coordenado del presente.

Lo importante de esta definición del tipo axioma es que al ser diferente el tiempo coordenado y el tiempo residual, esto afecta todas las frecuencias de todos los fenómenos físicos de la naturaleza, comenzando con los colores percibidos y de paso las formas de la materia, debido a la construcción del universo DOT, los cascarones del pasado y futuro son invisibles para nosotros los cuerpos con espiritu que estamos adaptados a detectar las frecuencias de acuerdo al tiempo coordenado del cascarón del presente.

De pasada estamos diciendo que posiblemente los cascarones del pasado y futuro al tener materia y tiempo residual son posiblemente la materia oscura predicha por la física clásica. Dejaremos el tema de la materia oscura para otra publicación y no complicar al lector, no vamos a hondar nada en el tema de materia oscura, solo lo vamos a dejar como un registro.

En estas pocas líneas se ha descrito matemáticamente que es el tiempo, porque no podemos viajar más rápido que la luz en el cascarón del presente, también se ha esbozado los conceptos matemáticos de por qué no vemos a los espíritus que han abandonado sus cuerpos. Todo lo anterior fue posible por la construcción y dinámica del universo DOT y por el importantísimo agregado de establecer que el tiempo no es una magnitud fundamental y tampoco es una dimensión, el tiempo es una medida de la cantidad de cascarones que atraviesan una cantidad de materia determinada.

Indirectamente con la definición del tiempo, se adelantó gran parte de la problemática de hacer conversar el universo DOT con relatividad general, al definir que la materia al ser atravesada por los cascarones esféricos en la materia se produce una caída de potencial del campo de tiempo universal. Como la materia ordinaria se ubica en los cascarones del presente, la caída de campo de potencial de tiempo universal se manifiesta con una deformación de la onda esférica hacia el pasado, entre más materia está cohesionada como planeta, esta diferencia de potencial en el universo real el de geometría de cubo, se suma la caída de potencial, a eso la denominamos gravedad, porque estas diferencias de potencial de la materia se atraen con las leyes de atracción de campos de tiempo universal. En el capítulo siguiente vamos a abordar el tema de relatividad general en más detalle y del punto de vista históricos, pero voy a hacer algunas correcciones en el capítulo relatividad general a lo que se había escrito, debido a lo planteado en la última parte de este capítulo.

Capítulo Cinco

Relatividad General y Universo DOT

Mi hijo Daniel cursaba el sexto año en la Alianza Francesa de Viña del Mar, este colegio en la región y en Chile es uno de los que obtiene una alta calificación, se encuentra ranqueado entre los primeros de la región en una muy buena ubicación a nivel nacional, es un colegio que imparte todas sus asignaturas en francés y los alumnos salen hablando fluidamente el idioma francés. Pero, mi hijo del primer día presentó problemas para hablar el francés y en sexto año el colegio nos solicitó que lo cambiáramos de institución, ya que Daniel no tenía problemas académicos, sino más bien, problemas con el idioma francés. Esto fue a fin de año y la verdad ubicar colegio no fue una tarea simple, finalmente lo inscribimos en el colegio árabe de viña del mar. Pero la despedida del colegio francés tuvo un final inesperado para todos, es eso lo que voy a relatar a continuación. Sucedió que la alianza competiría en atletismo en una competición en Valparaíso en un estadio de la armada de Chile. Daniel fue invitado a participar en el equipo de atletismo, aunque no estaba oficialmente realizando el entrenamiento extracurricular con el equipo. Fue una de las compañeras del Daniel que le dijo al profesor de gimnasia que incluyera al Daniel porque él, les ganaba a todos en las competiciones de atletismo que el profesor hacía durante las horas del ramo.

Después de regresar a casa del trabajo algo me dijo Carolina, la verdad creo que no le di importancia, por esos días estábamos en la tarea de buscar colegio para Daniel y no entendía que ahora lo invitaran a participar por el colegio en su representación. Bueno el domingo, la Carolina me dijo hay que ir a la competencia de Daniel, entonces toda la familia partimos acompañarlo. Daniel estaba inscrito en salto largo en su categoría de hasta 14 años, también en la carrera de 10 metros planos. Tengamos en cuenta que no había entrenado nada, sabia poco de la técnica de salto largo y menos de la de correr. Esto se refleja en que un día antes de que el corriera la Carolina me dijo que para la carrera necesitaba de zapatillas especiales pues correría en la pista acolchada y para el agarre necesitaba de esas zapatillas. Entonces me fui a comprarlas, en una tienda especializada en ropa deportiva, cuando corrió con ellas fue la primera vez que las había usado. Daniel en salto largo ganó con mucha facilidad las clasificatorias y la prueba final. Obtuvo medalla de oro en salto largo y también en la prueba de 100 metros. Llegamos a la casa super contentos, todos muy orgulloso de mi hijo.

El colegio nos invitó luego a una competencia en el estadio Valparaíso a una prueba que consistió en dar 5 vueltas a la pista, mi hijo sin ningún entrenamiento llegó quinto en una prueba que era una media maratón, ahora con el tiempo creo que fue una irresponsabilidad mía y del colegio hacerlo participar en esa prueba, el pobre llegó exhausto y me dijo papá no siento las piernas. Lo veo hoy en mi recuerdo y tengo presente la imagen de un niño tratando de respirar a un costado de la pista, junto con Carolina dándole inhalación con sus remedios para el asma. Estaba feliz muy orgulloso de Daniel, ahora cuando escribo, me doy cuenta de lo peligroso que fue hacerlo competir sin entrenamiento. Había un profesor ayudante del colegio en deportes y se me acercó, él no podía creer que Daniel sin entrenamiento lograra esas metas. Nos invitaron a una tercera competición en San Felipe con un colegio particular de esa ciudad, en esa competencia fue más difícil lograr medallas, pero en definitiva ganó la de velocidad y con esto se cerró su participación en deportes y también en la alianza francesa

Foto N°2
Medalla en San Felipe

Hasta ahora el universo DOT es solo un sistema de coordenadas dinámicas, donde en capítulos anteriores se demostró que es posible aplicar relatividad especial, es decir, aun no se ha considerado materia dentro de este universo, en el capítulo anterior se mencionó la relatividad general pero no se desarrolló una hipótesis, el universo DOT, si no se considera la hipótesis de que es el tiempo coordenado planteada en capitulo anterior, es solo un sistema de coordenadas, no es un hipótesis o teoría, es una herramienta matemática para poder ubicar en el tiempo y espacio los planetas y las estrellas, para poder tener una representación en el espacio y en el tiempo, tal como se ha explicado. De acuerdo con la definición de cómo hemos construido la herramienta, hasta ahora el sistema de coordenadas del universo DOT es vacío, en otras palabras, se ha construido un universo donde no hay planetas, tampoco soles o agujeros negros. Esto ha sido posible debido a que se estaba construyendo los pilares de la herramienta, pero la relatividad general cambia el escenario, ahora debemos incluir los cuerpos celestes, porque precisamente la relatividad general trata de como los cuerpos celestes actúan con el espacio y tiempo. Se está tratando de explicar el universo DOT a todos los lectores, vamos a explicar que hizo Albert Einstein en la relatividad general, para eso vamos a usar la ecuación cuadrática y su solución, la que nos enseñaron en el colegio de adolescente, solo necesitamos recordar su estructura para poder hacer la analogía con las ecuaciones de relatividad general. Esta ecuación cuadrática tiene una estructura como se expresa a continuación:

$$ax^2 + bx + c = 0$$

¿Se recuerdan de esta ecuación?, bueno Albert Einstein, llegó hasta ahí en relatividad general, en otras palabras, es el análogo, la ecuación de Einstein es diferente y recibe el nombre de ecuación de campo, es decir, encontró esta ecuación, pero no su solución. Einstein pensaba que se demoraría años en encontrar la solución, la ecuación anterior tiene la conocida fórmula para encontrar el valor de x que todos conocemos, el que encontró la solución de la ecuación de campo de Albert Einstein es un físico alemán de nombre Karl Schwazschild.

$$x = \frac{-b \mp \sqrt[2]{b^2 - 4ac}}{2ac}$$

El físico Alemán Karl Schwazschild, en las trincheras de la primera guerra mundial encontró la solución a la ecuación de campo, es como si hubiese encontrado la solución de la ecuación cuadrática que se muestra en fórmula anterior. ¿Se entiende?, Einstein solo formuló la ecuación cuadrática (de campo) y Schwarzschild encontró la solución.

Lo anterior nos puede dar una idea de lo complicado que es tratar de explicar relatividad general en el universo DOT, como en capítulos anteriores, la explicación será conceptual, con el mínimo de fórmulas matemáticas, tampoco vamos a usar lugares comunes de los que hay muchos en YouTube explicándola.

Para tener una dimensión de lo que se requiere para entender relatividad general, en el curso que Javier García tiene en su canal de YouTube, tiene 16 capítulos de solo matemáticas necesarias para entender relatividad general, hasta el capítulo 25 explica cómo se ha mencionado la relatividad especial, luego con todas esas herramientas y sin hacer el desarrollo de las ecuaciones de campo de Albert Einstein. Encuentra la solución de Scharzchild, luego continúa en los capítulos 30 a 40 usando la solución de Scharzchild para explicar la gravedad y el movimiento de planetas y también de la gravedad en agujeros negros.

De los capítulos 49 al 60 recién desarrolla la ecuación de campo, haciendo mucho manejo matemático, de mediana complejidad para alguien con buen dominio de la matemática. La historia cuenta que el mismo Albert Einstein, sin las herramientas informáticas que hoy tenemos, es decir, sin YouTube y sin internet, se tardó cinco años en aprender la matemática necesaria para poder expresar su famosa ecuación de campo de relatividad general.

Pareciera que los estoy asustando y mejor no leer este capítulo, pero si el lector ha llegado hasta aquí le tengo una excelente noticia, en el universo DOT es más sencillo entender que es la relatividad general y que es la gravedad, también como estas dos leyes están unidas a lo largo de los capítulos anteriores, debido a que algo se ha explicado y ustedes ahora con esta herramienta, con la condición extraordinaria que da la geometría construida del universo DOT, me refiero a ser unos observadores omnipresentes, en todo el espacio y en todo el campo de tiempo universal. Tal condición representa una tremenda ventaja para poder entender la relatividad general, me imagino que, si han llegado hasta aquí y han visto videos o en películas, muestran que la gravedad es una deformación del tejido espacio tiempo, bueno los cascarones esféricos es el espacio y como tenemos un grupo de cascarones esféricos agrupados para formar el ancho de banda del universo DOT, una deformación en un cascaron es lo que la relatividad general dice que pasa con la gravedad. En la representación de cada cascarón esférico con una flecha, se está representando todo el universo espacial con sus tres coordenadas euclidianas, solo con una flecha, y la deformación es una pequeña deformación de esta flecha en un pequeño sector que representa el planeta o estrella de análisis.

En nuestro universo, el de Albert Einstein, hay un camino pedregoso de mucha gimnasia matemática entre la ecuación de campo, su solución y como determinar las orbitas de los planetas o cuerpos celeste, efectivamente el dato de entrada es la solución de Schwarzschid de las ecuaciones de campo. Para conocer ambas ecuaciones se las presento:

La ecuación de campo se deduce a partir de:

$$\delta S[g] = \int dx^4 \sqrt{-g} \left[R_{\alpha\beta} - \frac{R g_{\alpha\beta}}{2} \right] \delta g^{\alpha\beta} = 0$$

Luego de una gimnasia matemática la ecuación de campo Einstein queda:

$$R_{\alpha\beta} - R \frac{g_{\alpha\beta}}{2} = 0$$

Una de su solución es:

$$ds^2 = -\left(1 - 2\frac{GM}{rc^2}\right)c^2 dt^2 + \frac{1}{\left(1 - \frac{2GM}{rc^2}\right)} dr^2 + r^2(d\theta^2 + \sin\theta^2 d\emptyset^2)$$

El mostrar estas dos ecuaciones tienen un objetivo didáctico y en ningún caso se pretende que el lector las recuerde o enseñar a trabajar con ellas, el objetivo didáctico dice relación con lo que se ha mencionado reiteradamente en este capítulo, por esta situación se hace menester presentarlas y mostrar al lector de este libro.

Hay un segundo objetivo que dice relación con la última ecuación que es la solución de Karl Schawzschild, lo que vamos a tratar de explicar es que los factores que acompañan a los diferenciales al cuadrado del tiempo y el radio de las coordenadas esféricas, es decir, los factores que están entre paréntesis de esta ecuación, una aclaración de las coordenadas esféricas, los ángulos que se muestran en la ecuación, no son las coordenadas esféricas del campo del tiempo universal, se menciona esto por la confusión que el lector podría tener en relación de estos ángulos, esta solución tiene como base, por ejemplo el planeta tierra, la masa que aparece es la del planeta tierra en la ecuación y las coordenadas esféricas dicen relación con coordenadas esféricas en el planeta tierra donde, el origen se ubica en el centro del planeta. Las coordenadas esféricas del universo DOT tienen como referencia un origen hipotético en el centro de la esfera que contiene los cascarones esféricos.

Con esta solución lo que se calcula es un concepto, una especie de camino que siguen los planetas o cuerpos celestes en el espacio y a estos caminos se les denomina geodésicas. Para los físicos y para Albert Einstein la trayectoria de un planeta está determinada por la solución de Karl Schwarzschild de las ecuaciones de campo, con esta solución y un poco de manejo matemático se determinan las geodésicas alrededor del planeta, estas geodésicas determinan la trayectoria que siguen los planetas. Los físicos también han demostrado que a lo largo de la trayectoria hay dos cantidades que se conservan y no se disipan, la energía y la cantidad de movimiento, nuevamente para los lectores que no son intensivos en el uso de estos conceptos se sugiere pensar de la siguiente manera.

Por alguna razón existen unas pistas de rodadura sin roce, en los cuales los planetas o cuerpos celestes transitan sin perder energía y otro concepto físico llamado cantidad de movimiento, es decir, la energía y la cantidad de movimiento a lo largo de las geodésicas se conserva y no se pierde. Esta es la razón que los planetas orbiten a otros cuerpos celestes sin salirse de las orbitas, la relatividad de Albert Einstein lo que dice que una masa en el espacio deforma el tejido espacio tiempo. Lo que ahora tratamos de entender que esta deformación se cuantifica, por medio de geodésicas que son los caminos que la deformación del espacio tiempo deja provocado por la masa de los planetas. Para eso es que la relatividad de Albert Einstein es ocupada.

Regresemos a la solución de Schwarchild, expresada como lo que también se denomina elemento de línea, la cual es una manera de calcular distancias, en otras palabras o una manera de ver , es una aplicación del teorema de Pitágoras en cuatro dimensiones, tres espaciales y una de tiempo, si el espacio de acuerdo a la relatividad general de Albert Einstein no se dobla, no debiera existir esos factores dependiendo de la masa que aparecen en las coordenadas del tiempo y el radio, pero como vemos, si aparecen estos factores, ahora es más difícil tratar de ver el teorema de Pitágoras en la solución de Schwarzschild , esos factores dicen según Einstein que el espacio se dobla, es una especie de medida de la curvatura local que se produce por los cuerpos celeste y esa curvatura es la que determina el conjunto de caminos alrededor del planeta llamados geodésicas, son esos dos factores que aparecen entre paréntesis que el lector debe recordar, que vamos a explicar:

$$-\left(1-2\frac{GM}{rc^2}\right)c^2dt^2 + \frac{1}{\left(1-\frac{2GM}{rc^2}\right)}dr^2$$

Esos factores son los que de alguna manera trataremos de hacer una interpretación libre y que llevaremos al universo DOT, pero antes debido a que son importantes de mencionar los factores que aparecen en los paréntesis, la masa del planeta, la constante de gravitación de Newton(G) y la velocidad de la luz (c), son esos factores además del radio (r), pero medido desde el origen del planeta. Esto es lo poderoso de esta solución, es que con ella se predice las orbitas de planeta o cualquier tipo de cuerpo celeste, por ejemplo, agujeros negros, esa es la herramienta que desarrollaron estos dos físicos y esto se ha comprobado con las mediciones realizadas, por este motivo es una solución ampliamente aceptada. Esta solución es para un planeta en cuestión, no para todo el universo, ni siquiera para un sistema solar completo, para eso hay que hacer otras aproximaciones que no se hablarán en este libro, pues están fuera de su alcance.

Entonces ahora debemos tratar de hacer compatible esta solución con el universo DOT, lo primero es definir el alcance de esta solución y el lector entienda cual es el rango de aplicación, esta solución como se mencionó, es sobre un cuerpo celeste en particular, por ejemplo nuestra estrella, el sol, o un planeta y también un agujero negro, no se aplica por ejemplo a una galaxia, ahora si el lector llegó hasta esta parte, tiene comprendido como aplica en el universo DOT un cuerpo celeste, es fácil visualizar que la relatividad general se aplica a un ínfima parte del cascarón esférico del universo DOT, la única manera que un cascarón esférico se doble, es hacia el pasado o el futuro, pero de acuerdo a la solución de Schwarzschild, los paréntesis antes mencionado, el espacio se doblaría al pasado, por los factores que se han mencionado anteriormente, podemos afirmar entonces que los cascarones esféricos se doblan hacia el pasado por los signos menos de los factores de la solución de Schwarzschild, En los gráficos del universo DOT esto se puede representar fácilmente como una deformación hacia el pasado de los cascarones esféricos.

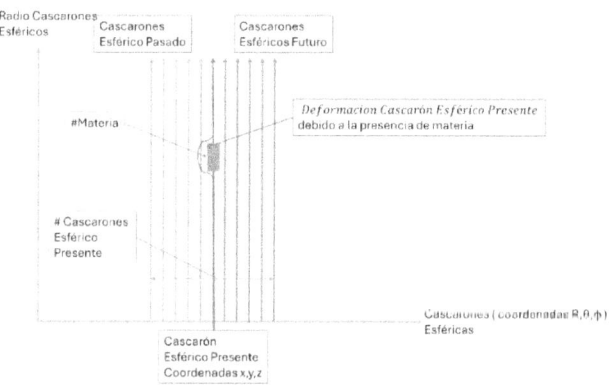

Gráfico N°2
Deformación Cascarones Esféricos

Estamos usando la representación gráfica explicada en el capítulo tres de este libro, el lector al mirar el grafico anterior, en el eje ordenado están los niveles de los diferentes cascarones esféricos con las coordenadas esféricas (r,θ,ϕ) y en el eje de las abscisas están la dimensión de radio de los cascarones esféricos, en esta representación con una sola flecha (en rojo) se represente el cascarón esférico del presente, se ha colocado una masa para representar la deformación del campo de tiempo universal. En estos gráficos ahora con cuerpos celeste en el universo DOT, lo que se afirma es que lo que se dobla no es exactamente el espacio, si no que el campo de tiempo universal, tal como se muestra en el gráfico, es claro que algo se dobla, pero como está construido el sistema de coordenadas del universo DOT, existen tres alternativas de que algo se doble.

- El campo de tiempo universal
- Los cascarones esféricos
- Se doblen ambos, el campo de tiempo universal y el cascarón esférico

En este libro vamos a optar por que lo que se estira es el campo de tiempo universal, el significado de esta opción es que al doblarse el cascaron esférico del presente, este campo se estira y el presente por decirlo de alguna manera tienen una parte de su área en el pasado, la materia trata de ubicarse en esta deformación, esto es lo que se denomina gravedad.

Los ladrillos ahora con materia están polarizados a un nivel diferente que el espacio sin materia, esa es en sí la atracción gravitacional, no es porque el espacio se dobla es porque el presente atrae al futuro y el presente es atraído por el pasado.

Debido que ahora tenemos materia en el universo DOT, se debe comprender como es que la materia se incorpora en las coordenadas dinámicas del universo DOT, pero antes de entrar en esos conceptos, es importante destacar que el universo DOT permite una mejor visualización de la relatividad general, ya sea en los gráficos del campo de tiempo universal o en los cascarones esféricos antes explicados.

Al igual que se realizó con la teoría especial de Einstein vamos a poner dos axiomas para el universo DOT en relación de la teoría de la relatividad general:

- La solución de Schwarzschild de la ecuación de campo para cuerpos celeste se aplica para el universo DOT
- La geodésicas en el universo DOT son determinadas por la solución de Schwarzschild y son caminos que los cuerpos celestes transitan siempre en el presente, aunque su trayecto puede ser ubicado en todo el ancho de banda del universo DOT.

Entonces podemos ver cuál es la diferencia de la teoría general de la relatividad en el universo de Albert Einstein y en el universo DOT, en el primero, se establece que el espacio se dobla en un tejido espacio tiempo de cuatro dimensiones, tres espaciales y una temporal, la masa de los cuerpos celeste deforman el tejido espacio tiempo y crean alrededor de los cuerpos celestes unos caminos los cuales vienen determinados por el cálculo de las geodésicas, mismas que se determinan a partir de la solución de Schwarzschild de las ecuaciones de campo de Einstein, en resumen la gravedad o la atracción de la fuerza de gravedad que ejercen los planetas sobre otros cuerpos celestes, no es más que una deformación del espacio tiempo.

En el universo DOT esto es diferente, aunque el resultado y la trayectoria de los planetas alrededor de una estrella es la misma solución que en el universo de Einstein.

La diferencia en el universo DOT, es la cantidad de dimensiones, tenemos tres dimensiones espaciales, con tres dimensiones del campo de tiempo universal, el tiempo no es una dimensión, propiamente tal, el presente es una especie de dimensión auxiliar.

La otra diferencia está en que en el universo DOT, la atracción gravitacional es la atracción que los ladrillos ejercen hacia otros ladrillos con diferente potencial temporal, al igual que los cascarones esféricos del futuro son atraídos por el cascarón esférico del presente y el cascarón esférico del presente es atraído por el cascarón esférico del pasado, ahora esto acurre debido a que la materia al deformar la onda del campo de tiempo universal desfasa el presente hacia el pasado, esta diferencia de potencial es lo que se manifiesta como gravedad.

En la afirmación anterior hay un tremendo concepto, soy consciente que es de difícil comprensión, pero regresemos a ver como tratamos de explicar, para eso regresemos a los cascarones esférico del universo DOT, recordemos que el manto esférico del presente está tejido por ladrillos vacíos, que están cada uno de los ladrillos polarizados, donde entra la onda de tiempo universal, es el pasado y por donde sale es el futuro, la materia junto con estar polarizada tiene un nivel de carga de polarización mayor, por esta razón deforma el cascarón de tiempo universal, creando diferencia de potencial las cuales atraen a otros cuerpos celestes que tengan menos potencial y por esta razón se produce la fuerza de gravedad.

Una regla nemotécnica para pensar esta es reemplazar imaginariamente los ladrillos por baterías, de 1 volt, para representar espacio vacío, como también remplazar los ladrillos con materia por baterías de 10 volt, pero negativo, entonces el potencial de la materia es negativo en relación del espacio vacío, creando un desface de potencial en el cascaron del presente, aquí se encuentra la diferencia con Albert Einstein, en este universo la polarización del espacio vacío y con materia provoca la deformación de la onda del campo de tiempo universal y esta deformación es lo que se manifiesta como gravedad, por esta razón los planetas ejercen fuerza de gravedad unos a los otros.

Nos queda ahora entender el concepto de como compatibilizar las 6 dimensiones del universo DOT y las 4 del universo de Einstein, para los matemáticos que lean este libro lo que a continuación vamos a explicar e introducir es de fácil comprensión, pero para los lectores se requiere de un esfuerzo un poco mayor.

El presente del punto de vista matemático es una hiper superficie de cinco dimensiones, la cual se encuentra en una métrica ambiente de seis dimensiones, ahora detengámonos en las 5 dimensiones, las tres dimensiones espaciales de los ladrillos no se tocan, pero al ser el presente fijo, la dimensión radial de las coordenadas esféricas del campo tiempo universal es fija, es decir, no cambia y los habitantes del presente, no saben de su existencia, entonces de las coordenadas esféricas solo quedan las dos coordenadas angulares, esto facilita mucho las cosas del punto de vista matemático, con la siguiente afirmación:

El tiempo coordenado es en el presente un vector cuyas dos componentes son las dimensiones angulares de la hiper superficie del presente.

Al ser el tiempo coordenado, el que miden nuestros relojes, al ser función de las dos dimensiones angulares de las coordenadas esféricas del campo tiempo universal, podemos hacer la aproximación de que es una cuarta dimensión, pero recordando que, en sí no es una dimensión, el tiempo coordenado está compuesta de otras dos dimensiones. Con lo anterior, tenemos acordado que la relatividad general en el universo DOT trabaja igual que en el universo de Albert Einstein.

Para los lectores que no tienen experiencia en el manejo vectorial la afirmación anterior les dice nada, les recomiendo pensar lo siguiente, en cada cascaron esférico del universo DOT, los cuales están compuestos por los ladrillos polarizado, hay 5 dimensiones, tres espaciales y dos angulares, la dimensión radial es fija y no hay que considerar solo en esta parte del análisis, estas dos dimensiones angulares, están en todo el manto del cascarón esférico y por esta razón es posible construir, con dos vectores un tercer vector, en este caso del tiempo coordenado. Entonces ahora están las tres dimensiones espaciales de los ladrillos y esta cuarta dimensión que se construye a partir de las dos dimensiones angulares de las coordenadas esféricas del campo de tiempo universal.

Podríamos dejar la relatividad general hasta aquí, pero es importante explicar el concepto de lo que acabamos de definir o construir para el tiempo coordenado, el que miden nuestros relojes, estamos diciendo que no es posible viajar al pasado en el tiempo coordenado, lo anterior es debido a que no hay manera de construir un vector negativo del tiempo a partir de los dos vectores angulares de las coordenadas esféricas del campo de tiempo universal.

No estamos diciendo que el pasado no existe, se está afirmando que en el universo DOT, no se puede viajar al pasado tratando de hacer negativo el tiempo coordenado, por las razones antes expuestas, además como se ha construido el universo DOT con cascarones esféricos, hay cascarones con espacio pasado y cascarones con espacio futuro, esos cascarones son donde en este trabajo se define viven los espíritus. Es decir, existe el pasado y el futuro, pero para viajar a ellos hay que viajar en el tiempo reactivo, esto se podría hacer hipotéticamente con una nave que pudiera variar el potencial temporal de la nave, de esta manera viajar de un cascaron a otro, este cambio de cascarones lo que debería hacer es variar el tiempo o reloj reactivo.

Hay otro tema que se debe aclarar, hemos podido compatibilizar la teoría especial y general de relatividad con el universo DOT, pero en un universo vacío, hasta ahora se puede afirmar que con esto se ha hecho compatible las leyes de la física para los dos universos, esto sería verdad, pero hay una pregunta sobre la dinámica de cómo trabaja el universo DOT en vacío y con materia. En vacío sabemos que del futuro llega nuevos cascarones esféricos que remplazan los ladrillos del presente, pero la pregunta: ¿Ocurre lo mismo con la materia?, en esta parte ya pasa a ser una hipótesis debido a que hay dos respuestas, una positiva y otra negativa, la primera el autor la descarta, sería como si existiera un presente continuo en todos los cascarones en todo el ancho de banda del campo de tiempo universal, eso por definición de la construcción de esta herramienta fue descartado.

La opción de respuesta negativa a la pregunta anterior , es la que más se acerca a lo que este autor cree que debería ocurrir, en opinión del autor define que la materia solo existe en el presente tal como la conocemos, pero en el futuro y pasado cercano se encuentra parte de los constituyentes de esta materia, se puede pensar que la materia viaja diluida , cuando pasa por el cascarón del presente se manifiesta mediante gravedad generando tiempo efectivo positivo, esa es la pregunta que pasará para el siguiente capitulo: ¿Como los ladrillos saben cuál es el presente futuro y pasado?, es por definición del autor el tamaño de los ladrillos de cada cascarón.

Los capítulos de relatividad estaban finalizados, pero al igual que el anterior capítulo, luego de agregar la definición de que es tiempo coordenado, decidí agregar lo que se escribe a continuación. Se definió que el tiempo coordenado, es una diferencia de potencial del campo tiempo universal medidos en el presente, además la materia al ser atravesada por los cascarones del presente produce una caída de potencial, la cual de acuerdo a la interpretación de este capítulo equivale a la deformación que el campo de tiempo universal tiene hacia el pasado, en otras palabras, es la caída de potencial que la materia ocasiona en el campo de tiempo universal, es lo que se manifiesta como gravedad. Surge una interpretación de que es el tiempo coordenado, por una definición del que escribe, para hacerlo compatible con relatividad especial, el tiempo es un vector por definición, esto ya se había dicho, pero en capitulo anterior al definir el tiempo. Podría surgir una contradicción con lo explicado en este capítulo, para eso vamos a hacer una definición del tipo axiomática, el tiempo en su desarrollo es tangente al cascaron del presente, pero en su dirección de avance es en la dirección radial. Se deja esto mencionado para los posibles lectores de especialidad matemática que en el futuro puedan cuestionar este concepto. Confieso que está un poco confuso, pero para el objetivo de este libro no hace diferencias.

¿Dónde Está Mi hijo?

Capítulo Seis

¿Existe más de un cascaron del presente?

Mi hijo Daniel, como había contado debido a los problemas con el idioma francés se debió cambiar de colegio, lo habíamos inscrito de niño en la alianza francesa, al igual que a sus hermanas, en enseñanza básica dos años antes de finalizarla, la profesora nos llamó a mí y a Carolina, nos sugirió que el Daniel un niño con facilidades en matemática y deportes, pero con un lento avance en el idioma francés, lo cual le estaba afectando su rendimiento académico, ella luego de una larga conversación, en que nos informó que en el colegio se había estudiado el caso de mi hijo Daniel, la recomendación del colegio y de ella, lo más apropiado era hacer un cambio de colegio.

Esto en si fue un problema para la familia, que se debió corregir y como padres manejar la situación, hoy pienso que ahí nos equivocamos y no fuimos lo suficientemente claro con mi hijo explicándole las razones del cambio académico. No fue fácil encontrar colegio, los similares exigían rendimiento académico y en ese momento Daniel no lo tenía, eso se reflejaba en sus calificaciones. Los colegios públicos lo discriminaban por venir de colegios particular de alta gama, por decirlo de alguna manera. Nosotros como padre hace rato que habíamos dejado de mirar otros colegios y nos encontrábamos abocado a la enseñanza de nuestros hijos y buscar un colegio no fue tarea fácil.

Recordé una arquitecta que habíamos coincidido en una empresa que trabajé, ella había dicho que estudió en el colegio árabe y ese quedaba muy cerca de donde vivía mi hermano, por esa razón lo conocía y sabía que tenía un edificio nuevo y buenas instalaciones.

Con Carolina fuimos y solicitamos matrícula en el colegio que además en su publicidad decía que había cupos, este colegio es particular y los cursos tienen un máximo de quince alumnos, el edificio es nuevo, pero en su diseño y construcción se maximizó el espacio para dar cabida a 12 salas de clase para abarcar la enseñanza media y básica que en ese establecimiento se imparte, también hay una mini multi cancha, una sala de eventos, las oficinas de dirección y profesores, además de baños en un reducido espacio en planta. El colegio luego de analizar los antecedentes de Daniel, lo aceptaron y este era un colegio que impartía enseñanza en idioma español y solo tenía un ramo de cultura árabe. Lo matriculamos en diciembre y en marzo el comenzó su año séptimo de enseñanza básica en este colegio.

Nuestra idea desde un principio fue que realizara dos años en ese establecimiento, para luego cambiarlo a otro particular similar al que sus hermanas estudiaban, pero sin idiomas. Siguiendo la planificación que teníamos como padre quisimos cambiarlo de colegio en octavo básico y que partiera en un colegio de mejor rendimiento académico su enseñanza media. Ahora el Daniel en el colegio árabe tenía un rendimiento destacado en casi todos los ramos de los cursos que dio, además de ser muy apreciado por los profesores por ser un niño respetuoso. Con estos antecedentes lo inscribimos en dos colegios para que diera sus pruebas, con la idea de cambiarlo de establecimiento, mala fue nuestra aventura y otra vez nos encontramos que el Daniel había dado pésimas pruebas, ahí nos dimos cuenta de que había un mundo de diferencia entre el colegio francés y el árabe, claro los resultados se debían a esta situación. Los resultados de las pruebas de nuestro hijo no se condescendían con el rendimiento académico de mi hijo en el colegio árabe, como el periodo de pruebas para postular a otros colegios terminó, mi hijo debió continuar ahora su enseñanza media en el colegio árabe.

Mi hija mayor, seis años mayor que él, se encontraba en la universidad y con ella nos dimos a la tarea de preparar al Daniel en las pruebas de selección universitaria que se rinden al finalizar enseñanza media en Chile, para eso trazamos un plan en el cual ahora con Daniel empezamos una aventura que duró tres años de prepararnos para dar la prueba de selección universitaria.

Mi hija mayor me pasó el material del colegio francés del ramo de matemáticas, además lo inscribimos al preuniversitario de una institución de nombre Cepech, esta preparación comenzó en segundo medio y continuó durante los tres años de su enseñanza media. En paralelo, mi hija lo inscribió a dar pruebas de entrenamiento que las diferentes universidades hacen durante todo el año como entrenamiento de la prueba verdadera que se da a fin de años y que la dan los alumnos de último año que cursan la enseñanza media en nuestro país.

Con las pruebas de entrenamiento me permitió a mí y a Daniel compartir momentos que hoy recuerdo y atesoro con un gran agradecimiento a mi esposa Carolina e hija que me incentivaron insistentemente que debía hacer las pruebas con mi hijo Daniel. Esta tarea confieso no fue fácil, tenía mis conocimientos de matemática muy oxidados y después aprendí que el problema solo era un tema de rapidez, la juventud es más rápida resolviendo los ejercicios matemáticos, claro, me demoraba más. Pero mi hijo Daniel, comenzó en segundo medio hacer ensayos de pruebas en las diferentes universidades que existen en Viña y voy a destacar el de la Universidad Federico Santa María, esta institución, ofrece tres pruebas al año para que los alumnos puedan prepararse para la prueba de selección universitaria, mi hijo como empezó de un nivel no muy bueno, luego revisábamos en que se había equivocado los dos juntos, luego hacia la prueba completa y veía pregunta por pregunta en cual pregunta, él se había equivocado.

Que gratos momentos viví en todos esos años, no fueron fáciles pues muchas veces él no quería estudiar, él debía agregar horas adicionales de estudio a las de su colegio y preuniversitario y además resolver estas pruebas de ensayos. Los resultados en realidad no fueron de inmediato, pero llegaron y en su último año ya tenía muy buenos resultado en la prueba de matemática y la de lenguas también subió su rendimiento, esta situación se tradujo que dio una muy buena prueba de selección universitaria. Esto le permitió entrar a la Universidad Adolfo Ibáñez a la carrera de Ingeniería Civil Industrial carrera que finalizó. Un evento que lo refleja a mi hijo y la cercanía que tenía con su hermana Francisca se dio al momento de hacer efectivo la matrícula en la universidad, en un momento de la inscripción, mis dos hijos el Daniel y la Francisca se inscribieron simultáneamente en la Universidad Adolfo Ibáñez , para los temas financieros los acompañé, pero la matrícula fue un trámite de ellos, al momento de firmar los documentos de la universidad, mis dos hijos lo debieron hacer con la firma, que tenían, en sus respectivos carnet de identificación que nuestro país entrega. Mi hija Francisca realizó el tema rápidamente y el Daniel se notó un poco acongojado porque el carnet que él tenía lo había obtenido cuando niño hacía unos 10 años y su firma era la de un niño de nueve años, pero eso no pasaría de no ser una anécdota y al terminar, mi hija Francisca le pregunta , ella se había dado cuenta;¿ Porque en su firma de niño?, él había puesto la F, si él no tenía en su nombre ni en sus apellido esa letra, Daniel le respondió que la letra F a los nueve años, la había puesto por ella. Por F de Francisca. Fue un lindo momento que vivimos los tres, regresamos al auto y nos vinimos almorzar, como luego lo hicimos tantas veces. Ahora regresemos al universo DOT

En relación del universo DOT, podemos afirmar que hemos completado su construcción, lo que significa que podemos dar por entendido la construcción de cómo funciona este universo, para hacer un paralelismo, se ha construido la casa, pero ahora hay que poner los muebles y decoración y cierres perimetrales, en este capítulo es eso un adicional, pero en el caso de una casa , este adicional o decoración depende del gusto, pero en relación de lo que en este capítulo se aborda tiene implicancias, filosóficas y prácticas.

La pregunta que nos hacemos: ¿Existen otros cascarones esféricos en el universo DOT donde se puedan definir

como presentes?, si de acuerdo con lo que en este libro se ha definido como un axioma para que un cascarón se el presente tiene que cumplir al menos tres cosas:
1. En un cascarón del presente debe existir vida,
2. Debe generarse tiempo coordenado, el que miden nuestros relojes.
3. Debe ser estático en relación del cambio de potencial de los cascarones esféricos y el flujo del espacio. El flujo del espacio viaja en un sentido, el aumento de potencial en los cascarones esféricos en el otro.

Luego de recordar lo que significa que un cascarón esférico sea definido como presente, podemos intentar responder la pregunta original, la cual tiene dos posibles respuesta, la negativa, es decir, no existen otros cascarones esféricos hacia el futuro o el pasado que cumplan con los requisitos de ser cascarones denominados presente, esta respuesta nos deja encarcelados a todos los seres vivos de todo el universo DOT en el cascaron esférico del presente, lo que se traduce en una tremenda limitante, para la exploración espacial de otros planetas fuera del sistema solar y que hablar de otras galaxias, si no hay otros presente, no es posible que ninguna especie inteligente de este planeta o de otro planeta o de otra galaxia pueda viajar de un planeta a otro en cualquier parte del universo DOT, por esta razón en este libro se descarta la respuesta negativa a la pregunta que se hace en este capítulo.

La respuesta que queda es: **¡Si existen otros presentes!**, esta afirmación abre una tremenda puerta a los viajes a otros planetas y a otras galaxias. Por una definición de quien escribe, en el universo DOT existen más presentes hacia el futuro y hacia el pasado, claro la pregunta es: ¿Cuantos y Donde?, tratemos de responder estas interrogantes y también por una definición del tipo axioma, lo que no se ha mencionado o también preguntado sobre el universo DOT: ¿Qué hace que existan más presentes?, la respuesta que se da en este capítulo es del punto de vista de los ladrillos de los cascarones esféricos. Vamos a introducir una hipótesis para los ladrillos y porqué los mantos esféricos formados por ladrillos son denominados presentes y otros NO

La hipótesis es que el tamaño de los ladrillos en los diferentes cascarones esféricos tiene variación y también un sentido durante las transiciones de los ladrillos, entonces hay un tamaño de ladrillo con una cierta dirección de cambio que determina que un cascarón esférico sea presente, en otras palabras, cuando un manto cambia de potencial y se convierte en presente, también cambia el tamaño de los ladrillos para poder ser el manto del presente.

Hay una analogía que se usó en capítulos anteriores para explicar el presente y el flujo del espacio y en este caso puede ayudar al lector a una mejor comprensión de lo antes explicado, en el ejemplo de la sala de cine y el proyector de la película se hizo un símil que el espacio es la película, el presente es la película que la lámpara del proyector ilumina y que es proyectada a la pantalla de cine, aunque no se dijo el campo de potencial sería la fuerza que hace mover, la película del futuro al presente.

En este ejemplo la película que está en el rollo sin proyectar es el futuro, la película que está en el rollo con la película ya proyectada es el pasado y el presente es la película que se está proyectando. En este capítulo vamos agregar veinte salas, diez hacia el futuro y diez hacia el pasado, supongamos unos rollos extremadamente largos de tal manera que permita desenrollar y por medio de carretes de transición llevar la película hasta las otras salas para ser proyectadas, este ejercicio se hace con los dos extremos del rollo de la película, supongamos que el rollo del futuro se está proyectando en diez salas de manera simultánea, lo mismo ocurre con diez salas con la punta del rollo del pasado, en todas las salas se está dando la misma película, pero cada sala está en diferentes presentes o diferentes cascarones esféricos en el caso del universo DOT. En esta analogía se está afirmando varias cosas, que hay más presentes, pero estos no son continuos, hay una separación de los diferentes presentes que es el rollo entre las diferentes salas de cine.

En esta analogía no se responde por el tamaño de los ladrillos y para poder responder esta pregunta, la película en este rollo es especial, el largo de cada fotografía en negativo es diferente en todo el recorrido antes de que sea proyectada en cualquiera de los presentes de las diferentes salas donde se proyecta la película. Cuando la fotografía entra a la máquina de proyección se ajusta al tamaño correcto y de esta manera se convierte en el presente para ser proyectado.

Para lograr esto hay una modulación del tamaño de los ladrillos del universo DOT, esa palabra tiene que ver con control del tamaño de los ladrillos y para mostrar cómo se hace la modulación del tamaño de los ladrillos es mucho más útil hacerlo con los gráficos de la función seno. Debido que con una sola flecha se representa el radio del cascaron esférico y la variación del tamaño del radio del universo DOT es una variación del tamaño de la flecha, si es conveniente recordar que las escalas son diferentes, el radio del universo DOT es de millones de años luz y el tamaño de los ladrillos es de pocos centímetros. Por esta razón en el grafico que se muestra, no hay que tomar mucho en cuenta el radio, sino más bien la forma de la variación que para nuestro caso y ejemplo se ha supuesto que la variación o modulación del tamaño de los ladrillos es de una función coseno.

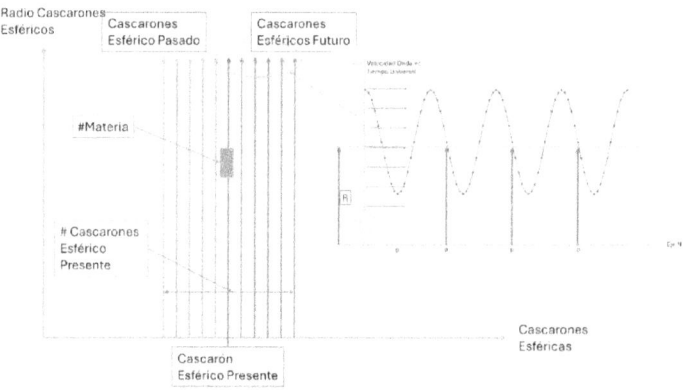

Gráfico N°3

Modulación tamaño ladrillos universos DOT

Entonces hasta ahora se definió que existen más presentes en el universo DOT, se definió que lo que caracteriza el presente, es el tamaño de los ladrillos y para eso se propuso un ejemplo de una película proyectada en veintiún salas de cine dando la misma película, con un rollo de película que no se corta y que todas las salas de cine están en diferentes presentes, luego se aclaró que la modulación del presente se hace variando el radio del universo DOT, pero a una escala infinitesimal.

Esto se represente en el grafico del universo DOT, en el eje ordenado están los niveles de cascarones, en la abscisa está el radio del cascarón esférico. En las flechas dibujadas, lo que se muestra son los radios de los diferentes cascarones y sobre este radio se gráfica de manera desproporcionada, la variación del radio y esto se traduce en la variación del tamaño de los ladrillos, también hay un tema con el radio de los diferentes cascarones esféricos, estos se han dibujado igual, pero en el sistema de coordenadas es diferente. Lo anterior solo pretende mostrar la modulación que se hace del tamaño de los ladrillos del universo DOT para diferenciar los diferentes presentes.

¿Pero porque los tamaños son iguales si los radios son diferentes?, esta pregunta también me ha rondado por la cabeza y como ya he dicho tengo una respuesta que voy a esbozar y me imaginó que cuando esté más avanzado en el libro podré dar una mejor respuesta.

El universo DOT pretende ser nuestro universo esa es la ilusión, por ahora es un constructo intelectual, pero el universo DOT parte diciendo en su construcción que el universo real es el de geometría en forma de cubo con lados que mide millones de años luz, que lo que se ha construido hasta aquí es solo un sistema de coordenadas que nos permiten visualizar todo el universo de manera completa en espacio y tiempo. Entonces la pregunta de fondo es. ¿De dónde sale el espacio extra de todos los cascarones esféricos? y tengo una respuesta y la voy a escribir para no olvidarla.

Necesitamos crear veintiún presentes y otros cascarones esféricos intermedio. Entonces supongamos veintiún espacios de geometría en forma de cubo, con lados medidos en millones de años luz, supongamos los veintiún espacio dentro de otro espacio en forma de cubo que los pueda contener a todos, ahora pongamos a los espacios a rotar dentro de esta gran habitación, los veintiún universo son una especie de tren de cubos formando un círculo en el centro de esta habitación, la geometría de este tren de universos DOT es como un toroide, como se muestre en dibujo número catorce, bueno ese es el último ingrediente que faltaba, en el universo DOT se puede representar a este universo real y ahí están los cascarones esféricos de los que hemos hablado y para los lectores es de más fácil comprensión.

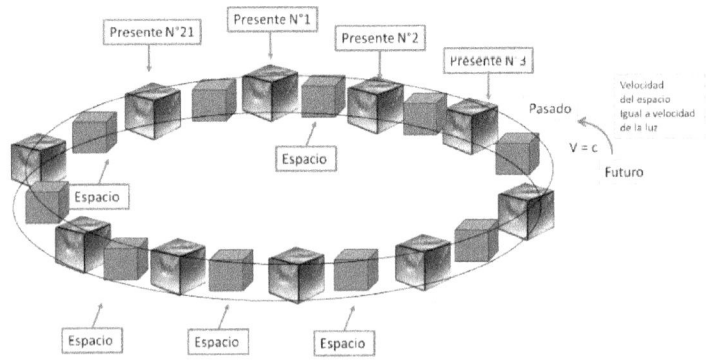

Dibujo N°14

Universo DOT en forma de Toroide

El universo DOT es una parametrización geométrica del universo real, esta palabra la parametrización, es una herramienta que se utiliza en algebra para disfrazar funciones y puedan de esta manera colarse a la fiesta, por decirlo de una manera, pero al término de la fiesta, deben sacarse el disfraz, para regresar a su forma original, eso es lo que se ha realizado en este libro en pocas palabras, para describir el universo DOT, se disfrazó con una parametrización geométrica de cascarones esféricos y ahora se sacó la parametrización y se regresó al universo real, sigue siendo el universo DOT, pero ahora sin la parametrización.

Como todo el espacio está polarizado, el espacio con o sin materia, lo que ocurre es que el espacio está girando a la velocidad de la luz a atravesando los veintiún presentes de geometría en forma de cubo, en el espacio de la gran habitación, donde están girando el espacio del universo DOT, producen una especie de histéresis en el espacio inmediatamente detrás de los presentes y es la histéresis de la materia, crea otros planetas que son donde creo yo, viven nuestro seres querido que han partido, lo voy a escribir en corto, pero lo explicaré en detalle más adelante en el capítulo, cuando encuentre a mi hijo Daniel, hay que tener en cuenta que es el objetivo que nos planteamos en este libro y que pareciera al menos estamos llegando a un puerto.

Con la suposición anterior de que existen más presentes en el universo DOT, se abre una ventana para definir que en el universo DOT, es posible hacer viajes interplanetarios e inter galácticos, la explicación de esta afirmación se da con facilidad al entender la mecánica que se ha desarrollado para que el universo DOT funcione, al ser el presente una dimensión auxiliar fija, donde se produce tiempo coordenado, los viajes dentro del presente tienen asociado, que para desplazarse de un punto a otro, se debe gastar tiempo y este tiempo es finito para un ser vivo, si a esto se le suma que el presente tiene una limitante de velocidad que es la velocidad de la luz, un habitante de un planeta que exista en cualquier lugar del universo DOT, si intenta moverse solo en el presente, tiene limitantes de dos recursos, la velocidad máxima que puede desarrollar, además del recurso tiempo, el cual un ser vivo desde que nace hasta que muere, tiene un tiempo finito, esta situación hace que la opción de realizar viajes interplanetario e intergalácticos en el cascarón del presente sea una imposibilidad.

Entonces ¿Que opción existen en el universo DOT?, la respuesta que proponemos es viajar cambiando de potencial del tiempo universal, más específicamente cambiar el potencial de la cubierta de una hipotética nave espacial. Esta nave tendría la función que en el exterior de la nave se polariza con diferentes niveles de potencial del tiempo universal y con esto podría igualar el potencial de cualquiera de los veintiún presentes que se han sugerido en este libro. En estas pocas líneas se ha definido el concepto de una máquina del tiempo que no necesita en ningún caso viajar a velocidades superiores a la luz en el presente.

Lo que no se está respondiendo en este libro es como se hace este cambio de potencial, ni siquiera estamos dando respuesta cual es la medida del potencial, al final de este libro se proponen algunas ideas para tratar de entender este concepto, por ahora estamos claro que se ha reducido el problema de viajar en el tiempo a definir una unidad de medida del potencial de los cascarones y como una hipotética nave podría hacer este cambio.

Entonces en el universo DOT hay dos maneras de viajar, una es los viajes dentro del presente y la otra es viajar entre cascarones del presente. Los viajes entre cascarones lo que hacen es viajar en el tiempo denominado reactivo en este libro, estos viajes son casi instantáneos, la nave espacial al cambiar de potencial, debe calibrar la medida para viajar a otro cascarón con el potencial que lo ajuste en el nivel del cascarón del otro presente, no es posible un tránsito continuo entre los diferentes presentes, lo anterior se debe a que en los cascarones intermedio viven los espiritu, en sus mundos en los cuales, no se desarrolla tiempo coordinado y tampoco es posible la vida de espíritus encarnados.

Con lo explicado anteriormente, ahora tenemos un universo DOT, donde es posible viajar en los diferentes cascarones del presente, además hay un espacio entre los diferentes presentes donde viven los espiritu y también hay unos planetas entre estos cascarones del presente, donde por la histéresis de la materia se crea un mundo físico donde viven nuestros seres queridos que han abandonado este cascarón del presente, que es el lugar en este libro se postula que vivimos.

Un viaje interplanetario en el universo DOT requiere de faros que sean los que indiquen las rutas entre los diferentes cascarones esféricos, a las naves que en este libro se han teorizado, es importante hacer notar que existe una diferencia de lo que la astronomía dice que son los faros en el universo de Albert Einstein, en astronomía clásica se dice que un visitante de otra galaxia u otro planeta fuera de nuestro sistema solar, usaría como faro los cuásar y con ellos triangular direcciones, pero esta triangulaciones son en un mismo cascaron esférico, es decir, en un mismo presente de acuerdo a lo que se postula en este libro, debido a eso se postulan otros faros, que son los que se explican a continuación.

En el universo DOT estos faros no se pueden ocupar tan directamente, si cuando se viaja en un mismo presente, entonces para los viajero intergalácticos se necesitan unos faros diferentes en el universo DOT, para entender el problema supongamos que viajamos del planeta tierra, hasta otra galaxia, dentro de esa galaxia a otro sistema solar y a un planeta de ese sistema solar, para hacer esto se requiere de esta nave hipotética, que tienen la tecnología para cambiar los potenciales de la cubierta de la nave a un potencial que sea de otro cascarón del presente, además debe ajustar las coordenadas esféricas al momento de hacer el cambio de cascarón esférico, con el objetivo de aparecer en el lugar de la otra galaxia y en el planeta que se planificó viajar. El problema nace, debido a que se requiere al momento de llegar al lugar seleccionado, no aparecer en planetas que sean muy agresivos para la nave y la tripulación, esto quiere decir, que el planeta donde se viajó se encuentren recursos naturales que sean complemento para el funcionamiento de la nave.

La vida y los planetas que lo contengan, son esos faros que en el universo DOT tienen para los visitantes de otras galaxias y otros planetas, es natural que un viaje entre cascarones esféricos de diferentes presentes tenga estas paradas intermedias de planetas donde hay vida que son verdaderos oasis en la travesía de los viajeros intergalácticos. Supongamos lugares en el universo DOT con vida, en planetas donde sus vecinos interplanetarios tengan vida inteligente, es decir, metrópolis, pero de planetas que contienen vida, si esos viajeros deciden recorrer el universo DOT, es del todo natural que antes de viajar puedan tener estos mapas que señalen los planetas que contienen vida en el cascarón esférico del presente y de esta manera acercarse a su lugar final de destino. Los planetas con vida son eso, oasis dentro del universo DOT. Es importante destacar que un análisis como el realizado fue posible de hacer debido a el conocimiento de la geometría de este universo y de ser un observador omnipresente en todo el ancho de banda de este universo DOT.

En el ejemplo de las salas de cine se puede explicar, el viaje a diferentes cascarones, con la salvedad que en el ejemplo de cine la película que se está exhibiendo es una pequeña parte del espacio. El cambio de cascarón en el ejemplo del cine es un cambio de sala de cine, de las veintiún salas que se está dando la película, pero ahora se debe imaginar que se aparece en cualquier lugar del espacio, pero en el presente de la sala de cine seleccionada. Luego con pequeños desplazamientos en el presente se llega a los lugares de destino. En este tránsito de cambios de cascarones son útiles esos oasis del presente donde hay vida que serían en el ejemplo de la película, los lugares que se está exhibiendo.

Lo que hemos señalado en este capítulo tiene una diferencia muy importante, con lo que es aceptado por la física clásica. Se puede afirmar que se elaboró una hipótesis con lo explicado anteriormente, por esta razón, me pareció importante explicar está diferencia, la física clásica, en sus dos teorías de la relatividad construye vectores y métricas con la dimensión del tiempo, que en este libro se denomina tiempo coordenado, el que tenemos en nuestros relojes. El concepto de hacer esto, implica que el pasado, el futuro y el presente no tienen diferencias, son un punto de una coordenada de tiempo, además es una coordenada continua, en estas pocas líneas se expone cual es la diferencia, para que el lector lo pueda aquilatar, vamos a explicar lo que significa. En el universo de Albert Einstein, se puede viajar a cualquier parte del pasado, presente o futuro, el tiempo es una coordenada continua, sin diferencia de una coordenada continua de espacio, por lo cual el tiempo tiene las mismas propiedades que una coordenada de espacio. Esta propiedad ha sido utilizada en muchas películas como también en muchos libros, el ejemplo clásico es la paradoja del abuelo, si alguien viaja al pasado para asesinar a su abuelo, el padre de este viajero no llegaría a este mundo, entonces se crea la paradoja de quien fue la persona que asesino al abuelo.

Este es el problema que la matemática de la física de Albert Einstein tiene, pues supone que el tiempo es una magnitud continua, lo que se expresa matemáticamente en los vectores de la base de la coordenada de tiempo, junto con la métrica del espacio tiempo. En el universo DOT, esto no ocurre, está implícito en el ejemplo del cine, además de tener una implicación filosófica que trataremos de explicar.

En el ejemplo de las veintiún salas de cine, podemos ubicarnos para el ejemplo en la sala número once, se definió que hay diez salas que están proyectando la película en el pasado y diez salas hacia el futuro, hay que recordar que es un solo royo de película el que se está proyectando, la cinta de la película se transporta de una sala a la otra, por medio de carretes auxiliares, es decir, no hay un corte de la cinta, lo que estamos diciendo con esta afirmación, el presente está siendo proyectado en un instante de tiempo, pero en las otras salas de cine se está proyectando la misma película, en otros tiempos de la película , hacia el futuro y pasado. En esta explicación subyace la gran diferencia, que es una definición anteriormente realizada, pero ahora podemos ampliar el concepto, lo que se muestra en nuestra sala de cine, ya fue proyectado, ¡No se puede cambiar!, en el caso que de alguna manera se realice un cambio en las películas proyectadas en una sala de cine del pasado, esos cambios solo afectan el desarrollo de la trama de la película donde se realizó el cambio. En la sala de cine de nuestro presente, el cambio no tendrá consecuencias. Para el universo DOT, significa que, en los cascarones de los diferentes presentes, si hay un cambio en el presente hacia el pasado o futuro, ese cambio afectará ese presente donde ocurrió el cambio, no afectará nuestro presente, en consecuencia, en el universo DOT es imposible que ocurra la paradoja del abuelo. El viajero del futuro que asesinó a su abuelo solo afectara el presente en el que su abuelo fue descarnado, no afectara otro presente, lo explicado anteriormente es la diferencia con el universo de Albert Einstein.

El análisis filosófico de esta diferencia que ocurre en el universo DOT, puede ahora proponer analizar que existe una inteligencia superior editando los diferentes presentes, para el que escribe es Dios, en la construcción de la herramienta del universo DOT, los lectores son ahora unos observadores omnipresentes de lo que ocurre en todo el ancho de banda del universo DOT, ahora también son unos observadores de la película proyectada en las veintiún salas de cine. Pensemos ahora que los espíritus son los jugadores reserva en un partido de futbol, que estamos en la banca, esperando que el entrenador nos dé orden de entrar al campo a jugar en una posición determinada del campo, con instrucciones de que hacer, eso es nuestra misión en la vida, el entrenador con su ayudantes de campo, (Dios y los espíritus superiores), conocen las características técnicas y potencialidades de cada jugador, ellos son los que determinan cuando regresamos a este presente de cuerpos encarnados. Este partido se está jugando en diferentes presentes, diferentes estadios por seguir usando la analogía con un partido de futbol, lo que ocurre en el marcador de un estadio, no afecta lo que ocurre en los otros, como se ha explicado anteriormente.

Cuando se ha terminado el partido o la película, significa que esa sala, ahora es la última sala del futuro, por eso la película a finalizado, en una suposición del que escribe, la película comenzará nuevamente, pero ahora en la nueva proyección, el entrenador realizará, los cambios acertados en el momento exacto en el que dieron resultados en los otros cascarones del presente, o en los otros estadios. Esa inteligencia para el que escribe es sin lugar a duda Dios con sus espíritus superiores que ven no solo nuestro planeta, sino que todo el universo. Los cascarones del universo DOT, donde se encuentran todos los espíritus de todos los planetas con vida, son la reserva a la espera de que la inteligencia superior, determine donde debe jugar cada uno de esos espíritus, es del todo lógico pensar que las habilidades y lo aprendido en cada vida no sea desechado y sea usado como un recurso valioso en la construcción de un universo DOT.

Antes de terminar este capítulo tengo que hacer algunas reflexiones, este libro es un mapa para entender como yo creo que es el universo donde puedan existir el mundo físico del presente y el mundo de los espíritus y como mi hijo pasó a ese lado, además cuando todos nosotros pasemos al otro lado podamos verificar, si lo que se expone en este libro es verdad.

Mi hijo al estar al otro lado, pasó de uno de los cascarones donde no se genera tiempo y no están los cuerpos con vida, solo están los espíritus que anteriormente han abandonado sus cuerpos, de verdad espero que mis parientes que habían abandonado este mundo y los parientes de mi esposa Carolina lo hayan recibido, también sé que hay una resistencia o adaptación de tratar de permanecer en el cascarón de nuestro presente, creo además que de alguna manera, que aún no logro entender, los espíritus de nuestros seres querido que recién han abandonado su cuerpos, permanecen en este presente y pueden ver a sus seres queridos que lo están despidiendo, se por experiencia propia que por muchos lados sentí, en los días en que el cuerpo de mi hijo se fue de este cascarón del presente y solo quedo su espiritu de mi hijo en nuestra casa.

¿Dónde Está Mi hijo?

Capítulo Siete

La Reencarnación

Daniel en toda su vida universitaria estudió en la cede de Viña de la Universidad Adolfo Ibáñez, en ella cursó todas las asignaturas de su carrera y esta cede tenía cercanía con nuestra casa y por esta razón se convirtió en un hábito, en el que la mayoría de las veces lo fui a dejar y a buscar a la universidad, costumbre que venía desde el colegio en el cual me convertí en su bus escolar, para todos mis hijos.

En esta tarea lo vi crecer y ver sus problemas y dificultades, comenzamos los viajes y sus primeros ramos en la universidad, había estudiado una carrera similar, pero la verdad el trabajo que había realizado de preparación para dar la prueba de selección, en la universidad le ayudó mucho debido a que ya tenía el hábito de estudio, también se manejaba muy bien en poder buscar información en internet, por lo que en esta parte de la educación de mi hijo Daniel solo intervine en el trasporte diario hasta la universidad, un viaje corto no más de 5 minutos entre nuestra casa y su casa de estudios. Así de cerca queda la cede viña del mar de nuestra casa.

Traté de que ingresara a jugar futbol, en esta universidad existía un ramo obligatorio de deporte o de asistencia al gimnasio y habían instalaciones para estas dos alternativas, le expliqué que en mi barrio nos encantaba poder jugar futbol y lo complicado que esta entretención se hacía porque lo practicábamos en la calle, si alguien le daba muy fuerte a la pelota, esta podía ser arrojada a la casa de un vecino en el mejor de los casos, si había alguien nos la devolvía, no siempre había una pelota propiamente tal, en la universidad había una excelente cancha con pasto sintético, luces, una red para impedir que la pelota fuera a dar a cualquier parte, además te enseñaban a jugar futbol. Mi hijo Daniel no quiso pese a mis insistencias practicar ese deporte, hoy me digo que debí ser más insistente a que ingresar a jugar ese deporte. Daniel aprobó todos los ramos en la primera vez que curso el ramo, claro los ramos de matemática fueron los que menos le costaron y los ramos de humanidades que en esta universidad son obligatorios le resultaron de mayor complejidad. Había una actividad que realizan los alumnos de cuarto año, denominada el viaje del ombligo, el cual consiste en viajar a Mendoza todos los alumnos, pensé que no participaría, pero grata fue mi sorpresa cuando me dijo que pagaría la inscripción, fuimos los dos a comprar pesos argentino a la calle Valparaíso, el participó activamente en ese viaje y compartió con todo sus compañeros que se alojaron en una cabañas a las afuera de Mendosa, el en una de sus actividades debió recorrer solo la ciudad. Él contó varias anécdotas de sus compañeros que al parecer cometieron algunas maldades propias de la edad.

Regresó un domingo, los buses lo dejaron en cuatro norte y me venía contando de sus aventuras en el camino de regreso a casa. Estaba muy emocionado, pero a su modo, me pareció que para él fue un logro el hacer el viaje fuera de Chile y se notaba muy contento. Ese fue un momento grato que recuerdo con mucho cariño.

Regresemos a nuestra búsqueda, el nombre de este capítulo es : La reencarnación, la pregunta que nos podemos hacer es: ¿Qué relación tiene con el universo DOT? y con la búsqueda de mi hijo, es una pregunta que tiene una respuesta interesante, tengo que decir que muchas de las cosas que escribo como ya he mencionado, son según pienso, canalizaciones de algunos espíritus que me ayudan, sospecho de algunos de mis hermanos y de mi hijo, es más creo que cuando escribo están leyendo mis apuntes y tengo la sensación que a veces aprueban lo que trato de redactar y en otras me lo hacen borrar. Este capítulo en especial es una extraña mezcla de mis pensamientos y de las canalizaciones que recibo.

No deseo escribir lugares comunes que hay en muchos textos y además en redes sociales hay mucha información de casos que comprobarían la reencarnación de los espíritus en nuevos cuerpos. Lo que en este libro se plantea o se cuestiona: ¿Si existe la reencarnación?, tal como Allan Kardec nos dejó en sus libros, es una actividad normal que tenemos los espíritus reencarnados para ascender en todo el ámbito del conocimiento intelectual y espiritual.

En una de esas canalizaciones, hace mucho tiempo atrás me llegó la siguiente información: La prueba de la reencarnación son las estructuras megalíticas que hay en los diferentes lugares del mundo, quise escribir demostrar, pero como el universo DOT es inventado, lo que se demuestra en este universo, no es necesariamente una demostración lo que en este libro llamamos universo de Albert Einstein.

Vamos a fijar nuestra atencion en los Moai de Isla de Pascua, para plantear que, en ese lugar, debido a su geografía e historia de poblamiento, si se da por aceptada la reencarnación, es muy probable que, dentro de su población, la que creo los Moai, haya existido un espiritu reencarnado del continente que tenía el conocimiento para hacer los traslados de estas estructuras megalíticas y su construcción. La isla se pobló hace unos 900 años atrás, según han establecido los historiadores, nos preguntamos: ¿Si los cuerpos de los isleños recién nacido son en realidad reencarnaciones de espíritu que vivieron en cuerpos nacidos en el continente?, debido a que los espíritus vivieron en países en sus vidas anteriores, donde se estaba produciendo los adelantos, estos espíritus traían en el inicio de sus vidas la información de técnica y conocimientos necesarios para tan magnífica escultura. Esto en el universo DOT, es perfectamente posible.

Al parecer existe una inteligencia en la selección de los espíritus que habitarán estos cuerpos. Se está afirmando que los cuerpos son unos Avatares que reciben los nuevos espíritus, los cuales cuando están en el cuerpo, es decir, espíritus encarnados, se convierten en el alma de las personas, esto espíritus con experiencias pasadas, tienen información de sus vidas pasadas, la isla de pascua es un ejemplo muy interesante de análisis debido a su condición geográfica de mantenerse tantos años aislada del resto del mundo, estos habitantes no tuvieron forma de tener contacto con la civilización que se estaba gestando en los otros continentes, la única forma que tenía era que de acuerdo a lo que se postula por Allan Kardec, que también es reforzado por la dinámica que se postula en el universo de DOT. Los espíritus viajan en estos cascarones esféricos hasta la isla de pascua y uno de ellos trajo el conocimiento y el arte para tallar los Moais y además trasladarlos.

En el universo DOT se establece que existe un sistema de referencia para entender su funcionamiento basados en ladrillos polarizados, en que la materia tiene una polarización negativa en relación del vacío, una idea de cómo se pudieron mover las estructuras megalíticas a lo largo de todo nuestro planeta , en este libro se postula que los primeros habitantes de este planeta se pueden haber encontrado con algunas rocas especiales, las cuales se polarizaban en forma inversa respecto a la polarización que realiza el campo de tiempo universal, esto significa que los ladrillos del vacío se polarizan de acuerdo a lo que se ha explicado , por donde entra la onda del campo universal es el pasado y por donde sale es el futuro, ahora la materia se polariza de manera contraria a lo que ocurre con el vacío, pero en este capítulo también se propone que en el inicio en su estado primogénito el planeta tenía rocas que se polarizaban en sentido contrario a la materia común que hoy tenemos por todos lados en el planeta, por lo anteriormente explicado, es probable, que tal vez existieran una especie de rocas que tienen una polaridad inversa de tiempo universal en isla de pascua, con estas rocas es posible hacer una especie de sistema anti gravedad y poder trasladar estas estructuras megalíticas. Este conocimiento de esta técnica es casi imposible que haya sido desarrollada en la isla de pascua, sólo por ello tiene que haber venido alguien del continente quien les mostró que existía esta técnica, por esta razón en todas partes que existen estructuras megalíticas hay historias que para desplazar las rocas, se trasportaron flotando o en cierta condición aliviando el peso de las grandes rocas, hoy esta capacidad de tener rocas con esta polaridad positiva se agotó de manera natural, por eso cuando llegamos los seres humanos modernos no hemos encontrado estas rocas, no entendemos cómo se realizó estos transportes y confección de estas estructuras.

Lo que sí hemos encontrado son las leyendas que en casi todas las partes se dice que las rocas fueron puestas flotando y atribuimos esta tecnología a seres extraterrestres que ellos ayudaron a la construcción de estas mega estructuras. La solución puede ser algo más simple, por eso es que el universo DOT se da por aceptada la reencarnación y se da por aceptado también que existe una inteligencia superior, el cual ordena quién se reencarna y cuándo se reencarna, también dónde se hace que espíritus con experiencias pasadas, que ayuden a nuevas civilizaciones, con esta suposición es más fácil entender que las estructuras megalíticas fueron construidas por nosotros mismo, nosotros los seres humanos llevamos estas tecnologías de un lugar a otro con las modificaciones propias de cada lugar y de cada ser humano que aplicó esta técnica.

Por ejemplo en la actualidad se da en la construcción de casas, que cada maestro aplica las instrucciones y obtienen resultados similares, pero no idénticos y eso es lo que ocurrió con las estructuras megalíticas, de acuerdo con la información que he recibido y esto para este autor es una comprobación que la reencarnación existe, también existe este universo que hemos denominado universo DOT, debido a que, para que la reencarnación exista, tiene que existir un mundo que contenga los espíritus en el otro lado y también que existe una inteligencia que determina cuando reencarnar.

Finalmente hay que tener en cuenta que las reencarnaciones también en la actualidad se notan en los niños que a muy corta edad tienen habilidades para la música, para jugar al fútbol para el deporte, esas habilidades no las han desarrollado en una sola vida, las han desarrollado en varias vidas, lo mismo ocurre en las matemáticas en las ciencias en toda actividad. Existe también la alternativa de que nosotros creamos que es sólo un tema de aleatoriedad y que es solo suerte que un niño tenga habilidades a tan corta edad, está también la otra posibilidad la de la reencarnación, en este libro claramente estamos optando por la segunda alternativa.

¿Dónde Está Mi hijo?

Capítulo Ocho

Agujeros Negros en Universo DOT

La familia completa realizó varios viajes en el trascurso de la vida de nuestros hijos, pero hay dos viajes a Buenos Aires que nos muestran la vida cotidiana que teníamos en ese tipo de viajes, el primero se dio el mismo año en que Francisca había realizado su viaje a Europa por el viaje de estudio de la alianza francesa, mi hija mayor había realizado su práctica de Ingeniera en una empresa donde además en esa compañía eran agentes de aerolíneas de Canadá, ella se había hecho amiga con la persona que vendía los ticket de vuelo, nos consiguió unos asientos en muy buenas acomodaciones para buenos aires, el vuelo hacía la ruta Santiago de Chile hasta Buenos Aires y luego continuaba rumbo a Canadá, en el trayecto el avión estaba con una ocupación baja de asientos, por lo que quedamos casi al lado de la clase ejecutiva. Mis tres hijos incluido Daniel se acomodaron juntos en tres asientos con vistas a una ventana y nosotros delante de ellos, fue un viaje maravilloso, al llegar a buenos aires al aeropuerto de Ezeiza, teníamos reserva en un hotel en pleno centro de la ciudad en una línea de hoteles de cuatro estrellas en la calle Suipacha, el hotel quedaba a dos cuadras del obelisco y a unas 6 cuadras de puerto madero, en realidad de la parte más turística de puerto madero.

Al llegar esa misma noche nos fuimos a cenar y conocer puerto madero, elegimos el restaurant que tiene una vaca de plástico en tamaño real fuera de la puerta de entrada, todos pedimos carnes en diferentes preparaciones, además de postre y en mi caso de un vino tinto que debo haber tomado junto con Carolina

Foto N°3
La familia en Puerto Madero

En los dos viajes que realizamos aprovechamos de conocer casi todos los lugares turísticos de buenos aires, contratamos el servicio de buses para turistas que hacen un circuito turístico, visitamos el planetario y asistimos a una presentación que mostró una parte de la vía láctea mirada desde Buenos Aires, luego caminamos toda la familia hasta el hipódromo de Palermo, donde Carolina, más hípica que todos nosotros, decidió apostar algunos caballos y como justo coincidió que corrían pocos caballos, ganó. Eso para mi hijo Daniel se reía y disfrutaba con sus hermanas por esta situación, ese día fue muy agotador en la mañana habíamos además estado en el barrio de la boca, donde habíamos comprado algunas artesanías.

Con Daniel al otro día tuvimos que cambiar euros por pesos argentinos, esto de por si fue una aventura, confieso que no estaba acostumbrado a esta situación, el cambio en los lugares regulados, era muy bajo y en algún momento un señor se nos acercó, nos llevó a una tienda de chalecos que no vendía chalecos, solo hacia cambios de divisa y claro nos preocupamos, luego de cambiar nos fuimos rápidamente caminando hasta el hotel, en la tarde de ese día nos dedicamos a conocer calle corrientes, también a comprar libros de lectura, en esa calle hay varias librerías, Carolina con su magia de madre encontró varios libros, luego supimos al llegar a Chile que uno de los libros fue muy premonitorio en relación que en el libro se trataba de un sacerdote de nacionalidad argentina que sería proclamado papa.

Foto N°4

Café Tortoní

En Buenos Aires, en la noche fuimos todos a un espectáculo de tango en el café Tortoní, este local es un lugar tradicional de buenos aires y en las rutas turísticas es muy recomendado, en su historia ha sido visitado por muchos famosos, entre ellos el presidente de los Estados Unidos Bill Clinton, el café tiene un primer piso ambientado en los años 40 o 50, para acceder, hay un tiempo fuera del café a la espera de que se desocupe alguna mesa, nosotros fuimos en la mañana, nos servimos un abundante desayuno y nuestros hijos fueron a mirar el café que tiene muchas fotografías de las visitas ilustre que ha recibido en su cien años de historia, estando en esa entretención, mi hija mayor se enteró que en el subterráneo en la noche se daba un espectáculo de tangos e inmediatamente decidimos asistir y compramos los boletos de entrada. Fue una muy buena decisión, cuando llegamos se nos ubicó en una mesa en un rincón no muy lejos del escenario, en el local no habrían más de unas veinte mesas con diez personas como máximo por mesa, la nuestra tenía solo a nuestra familia y pedimos unas tablas para picar y además un vino para celebrar. El espectáculo fue de muy buena calidad, con cantantes de tango y bailarines de una habilidad extraordinaria para danzar al ritmo de los bandoneones. Nos regresamos caminando a nuestro hotel y Daniel se veía feliz con sus hermanas comentando la aventura de Buenos Aires.

A unos treinta kilómetros de Buenos Aires existen una localidad de nombre tigre, la familia decidió hacer un tour, el cual consistía en el transporte por carretera ida y regreso y luego había una excursión por los ríos de tigre. Además, en el regreso nos pasearon por un lugar de nombre San Isidro, que es un pueblo pequeño pero muy entretenido. Nos levantamos temprano y nos pasaron a recoger, el viaje comenzó por carretera que habrá durado unos 30 minutos para luego llegar a un embarcadero dónde había unos pequeños barcos que eran parte de lo que habíamos contratado, tuvimos que esperar nuestro turno y luego de un rato nos embarcamos en un recorrido en el Río de La Plata. El lugar nos sorprendió gratamente, no conocíamos que Buenos Aires tenía esta atracción turística con un parecido en el concepto a la ciudad Italiana de Venecia, con la diferencia que aquí son casas que están en pequeñas islas que se han formado por el flujo de lodo del rio de la plata. En estas pequeñas islas de todos los tamaños la gente del lugar ha construido muy bellamente, casas de distinto tipo, incluso casas de expresidentes. Durante el recorrido por el rio, es muy entretenido porque ves la cotidianidad de la gente que habita estas casas, además en el barco te lo van explicando la historia de esta geografía y de su poblamiento.

El río no es torrentoso por lo cual es muy tranquilo. Esto es aprovechado por los habitantes para el desarrollo de su vida diaria, además de una muy floreciente actividad comercial y deportiva, en una variedad de actividades que pudimos apreciar en nuestro viaje en barco, es una carretera fluvial que tiene un tráfico mediano con alguna congestión en algunos puntos. También hay muchas embarcaciones de placer de alta gama, curiosamente en el pueblo de San Isidro pudimos visitar dónde vendían estas embarcaciones de lujo. Con la familia comentamos que son los contrastes que encontramos en este país, toda la familia disfruto mucho el paseo y lo recuerdo con mucho agrado este viaje a Buenos Aires

Finalmente compramos los libros, armamos nuestra maletas y nos regresamos a Chile luego de todas las aventuras que tuvimos en Buenos Aires, recuerdo gratamente haber compartido con el Daniel y mis hijas ese viaje, tal vez no fui consciente de estos regalos que a uno le da la vida, en ese momento creo que no lo disfruté como hoy al escribirlo y recordarlo, me estoy dando cuenta que fue un excelente viaje, pero bueno vamos a continuar con el desarrollo de lo que queríamos contarle de los agujeros negros.

No estaba planeado en este libro abordar la temática de los agujeros negros, en este universo DOT, que se ha propuesto en este libro, hasta ahora sólo es un sistema de coordenadas, no es una hipótesis o teoría, desde el punto de vista de la física clásica podría aceptar este trabajo en lo que dice relación de proponer un nuevo sistema de coordenadas, mismo que podría tener o no tener utilidad. El adicional explicado en los capítulos donde se hace trabajar el sistema de coordenadas con la relatividad especial y relatividad general de Albert Einstein, no constituye una hipótesis, más bien se está obligando a que el universo DOT cumpla con estas dos teorías, lo que se hace en este capítulo es ir un paso más allá, se parece a esbozar una hipótesis, el problema que lo que vamos a plantear de agujeros negros entra en colisión con la física clásica, lo que no era el objetivo de este libro. Recordemos que nuestro objetivo era que la física clásica le diera un espacio a la ciencia espírita, en este espacio que hemos creado, es donde por un axioma de este trabajo, se define que es donde viven nuestros seres queridos. En este universo DOT, en los cascarones de materia residual existen; estrellas galaxias y planeta.

La física clásica de los agujeros negros en el trabajo de Javier García en sus capítulos de YouTube es un apartado más o menos importante, porque para entender del punto de vista matemático y físico hay que leer y comprender todos los capítulos del 18 hasta el capítulo 40, en ese trabajo se aborda el problema de los agujeros negros con la métrica y solución de Schwarzschild de la ecuación de campo de relatividad y utiliza una herramienta que se trabaja en el capítulo 22 que es el espacio de Riddler, especial para sistemas acelerados, con toda esa matemática analiza lo que ocurre en un agujero negro, en su vecindad y en el interior del agujero negro, utiliza las geodésicas y la métrica, para luego parametrizar estos agujeros negros con las herramientas de Riddler.

No es el objetivo de este libro entrar en la temática antes expuesta, solo quiero dejar aclarado que tengo una aproximación bastante cercana a lo que la física establece de los agujeros negros. Por lo anterior, soy perfectamente consciente que lo que vamos a decir ahora, está en colisión con todo lo que aparece en los capítulos que anteriormente se han detallado. Para los lectores, si existen en el futuro estos lectores, que puedan cuestionar lo que vamos a escribir a continuación.

Mi primera intención como ya he dicho fue no escribir nada en relación con los agujeros negros en el universo de DOT, por toda la complejidad matemática que tienen estos fenómenos físicos teóricos en el universo. Para hacer un poco de historia y contexto los agujeros negros son predichos allá por fines del siglo diecinueve sólo usando matemática y física de Isaac Newton, lo que hace los primeros físicos que se dan cuenta de su existencia, teorizan que existen agujeros negros a partir de la fórmula de la velocidad de las órbitas de los planetas, que Newton calculó exactamente. Este físico determinó la velocidad de escape de los planetas, es decir, por ejemplo la Luna tiene que ir a una velocidad exacta, si va más rápido se escapa de la órbita de la Tierra, si va más lento cae al interior de nuestro planeta, entonces, se preguntaron estas primeras personas: ¿qué pasaría si la velocidad de escape fuera la velocidad de la luz?, es decir, por ejemplo si la velocidad de la Luna fuera la velocidad de la luz, en este caso la luz no podría salirse de esa órbita, no podría escaparse de la atracción de nuestro planeta. Para que ocurriera eso la tierra debería tener una masa suficiente para atraer e incluso hacer que la luz no brillara, este es el origen de los agujeros negros de manera muy resumida, lo que pasa que después hubo que hacerlos trabajar con la relatividad de Albert Einstein y esa es otra historia que no vamos a abordar en este libro.

Los agujeros negros en el universo que hemos construido en este libro es un muy buen ejercicio para los lectores y confieso que para el que escribe también, estaba hoy en la plaza en una actividad que años atrás nunca hubiese pensado que lo estaría haciendo, que es cuidar el perro mascota de mi hija mayor de nombre Gaspar y raza westy, es un perrito encantador y es una bola de amor, mi hija nos lo deja cuando por su actividad no lo puede atender y él se viene a la casa de los abuelos y nos quedamos al cuidado de esta bola de puro amor. La verdad no tenía una respuesta a la pregunta de: ¿Que pasaba con los agujeros negro en el universo DOT?, pero hoy en la plaza en tres segundo alguien me puso la respuesta en mi cabeza, o la inventé según el lector crea, por eso llegué a la casa y estoy escribiendo estas líneas.

Para analizar un agujero negro tenemos que regresar a la teoría general de la relatividad y su aplicación en el universo DOT, también el concepto de potencial del campo del tiempo universal en los cascarones esféricos que se han descrito en el universo DOT. Les recuerdo que el potencial para los lectores sin un conocimiento de física, deben pensarlo como diferencias de altura, para lectores con un dominio medio de la física y de electromagnetismo le sugiero que lo asemejen a un voltaje, entonces recordemos que los ladrillos los asemejamos a una especie de pila para el espacio vacío, el espacio vacío tiene un potencial el cual lo representamos con estas pilas que todas tienen el mismo potencial.

En la relatividad general en el universo DOT, la presencia de una masa en este cascarón esférico la representamos como una pila de mayor potencial, pero con signo negativo, este potencial, deforma, no el espacio, sino que la onda esférica del campo tiempo universal y por esta razón, hacia la deformación, concurre espacio y materia y a eso lo denominamos gravedad.

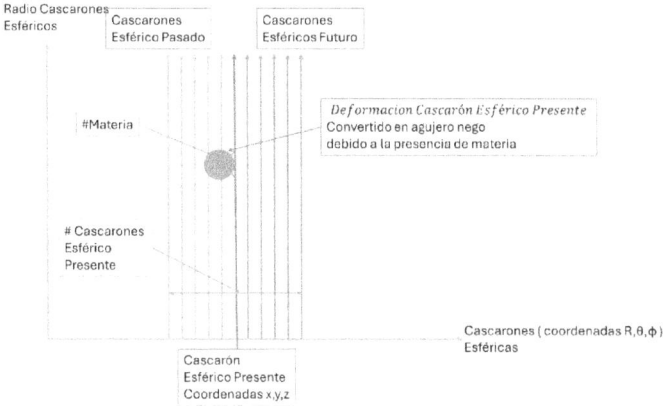

Dibujo N°13
Deformación Agujero Negro

Esto está representado en este dibujo, en el cual se dibuja el cascarón y una sección del cascarón esférico que, por la dimensión de la esfera, lo dibujamos como un plano. El cascarón esférico tiene un radio de miles de millones de años luz y la deformación del planeta en cuestión de millones de kilómetros y esta es la razón que no se comete ningún error al considerar la sección del cascarón esférico como plano para analizar la deformación del campo de tiempo universal.

¿Qué ocurre?, esta deformación también viaja con la mecánica que se ha definido para el universo DOT, es decir, los cascarones del futuro al remplazar a los cascarones del presente, lo hacen a la velocidad de la luz como ya se ha dicho, además se ha explicado que los cascarones del pasado al viajar al pasado mantienen esta deformación, con un tipo de materia que hemos denominado materia residual, por la histéresis del espacio tiempo, es ahí donde además creemos que está el mundo de los espíritus y creo que está mi hijo Daniel.

Pues bien, cada vez que aumenta el potencial negativo de la materia para deformar el cascarón esférico del presente, la materia cae en esta deformación y lo hace con velocidades más alta según mas grande sea la deformación. hay un límite de deformación y esta se empieza a cerrar formando una esfera, esa esfera lo que hace es que ya no deja escapar ni siquiera a la luz, esto se debe a la diferencia de potencial es tal que la luz cae a esa velocidad. Lo que se ha explicado hasta ahora, es muy similar a lo que ocurre en el universo de Albert Einstein para agujeros negros.

Pues bien lo que creo que pasa y tengo que escribir, es que el agujero negro es una esfera , lo cual no sería raro, pero no, esta es una esfera en el universo DOT y lo que hace esta esfera es invertir la polaridad porque se carga con la materia y se comporta como un condensador de potencial del campo tiempo universal (tengo que admitir que casi digo condensador de flujo) en opinión de este autor o del que me canaliza la información, los agujeros negros son esos, condensadores que mantienen el potencial de los diferentes cascarones esféricos, que si no fuera por ellos los cascarones esféricos colapsarían y no sería posible la existencia del universo DOT.

Si imaginamos el universo DOT vacío y los cascarones esféricos como alturas y ahora a este universo lo empezamos a llenar de materia, esta materia deforma este cascaron esférico, la pregunta que no me había realizado y que ahora puedo contestar, cómo les mencioné, me llegó la respuesta, es que los agujeros negros lo que hacen es tomar materia y deformar el espacio y luego invierten su polaridad tal como los condensadores en electricidad lo hacen para mantener el potencial eléctrico, los agujeros negros son eso, mantienen el potencial del cascaron esférico del presente en el universo DOT.

Para los lectores de este libro que lo anterior les resulte difícil de entender, recuerden que el potencial, es un nivel de altura, si este nivel de altura no tiene materia, esta sin carga, bueno los planetas deforman este nivel de altura, los agujeros negros lo deforman y en esta deformaciones cae materia, llegan a un punto donde esta deformación se completa de materia hasta un tope máximo, este máximo lo usan como un apoyo y se convierten en puntales para sujetar el nivel del cascarón esférico, en otras palabras son una especie de mesa con muchas patas y esas patas son los agujeros negros llenos de materia.

Escribiendo estas líneas caí en la cuenta de que hay un pequeño error en el ejemplo de la sala de cine, que en realidad no está dicho, pero algún lector podría preguntarse, en el ejemplo de la sala de cine en los negativos esta la información del desarrollo de la película, que equivaldría a la materia en el universo DOT, pero aquí hay una diferencia, en el universo DOT la materia se ubica en el cascarón del presente, el espacio vacío es el que se mueve como se ha explicado en capítulos anteriores, para hacer equivalente el ejemplo de la sala de cine con el universo DOT, la información de la película debiera aparecer solo cuando la lámpara proyecta la película en la pantalla, los carretes deberían tener películas en blanco, para que este ejemplo representara el universo DOT.

¿Dónde Está Mi hijo?

¿Dónde Está Mi hijo?

Capítulo Nueve

¿Dónde Está Mi Hijo?

¡Qué difícil es escribir este capítulo!, cuando nos plantemos encontrar a mi hijo, no como una manera de palear su pérdida, si no como una búsqueda real, tal vez los lectores no entendían el alcance de lo planteado, tenía la fe y la suposición que se podía elaborar una tesis medianamente aceptable, en la cual se construyera primero un sistema de coordenadas, ¿Porque un sistema de coordenadas?, es vital tener un sistema que referencie un punto o área del espacio para poder determinar lugares, en donde se encuentran nuestros seres queridos y donde nos encontramos los seres encarnados.

El sistema que se ha desarrollado a lo largo de estos capítulos es el universo DOT, en el cual es posible que existan los espíritus, sabemos que nosotros los seres vivos, posiblemente vivimos en un cascarón esférico que hemos denominado presente. El cual se forma de acuerdo con la dinámica del universo de DOT, el espacio de los cascarones esféricos va en un sentido, hacia el centro de la esfera y los potenciales de los cascarones esféricos para el sentido contrario, como se explicó largamente en este libro, esta condición origina que el presente sea una especie de dimensión estática fija.

El ejemplo que también se ha tratado en los capítulos anteriores, para entender esto, se asemeja a lo que ocurre en una sala de cine con la proyección de una película, el espacio es la película y la luz del proyector asemeja al campo de tiempo universal, lo que se postula en esta búsqueda es lo siguiente: Pensemos el caso de la película en el cine, cuando la película pasa por el proyector, la luz traspasa la película y proyecta su imagen en el cine, rápidamente la película cambia, pero algo de luz queda, en los negativos que recién se han proyectados, no es instantáneo ese cambio, a eso le hemos llamado histéresis, por un fenómeno que ocurre en electromagnetismo que lleva ese nombre, que luego vamos a explicar, pero antes de entrar en ese detalle lo que se postula es que la histéresis de la proyección de la película, la imagen residual que queda por breves instantes en la cinta, es lo que en este libro se afirma que forma un mundo paralelo al nuestro y es donde creo que está nuestro hijo. Lo anterior significa que el espiritu de nuestros seres queridos están vivos y No es una mera percepción o una creencia, se afirma que los espiritu de los seres trascendidos viven y existen en el mundo residual de los cascarones esféricos del pasado y también en parte del futuro.

En este libro se da como una verdad final que los seres humanos somos cuerpo y espiritu, cuando el cuerpo deja de funcionar, el espiritu se desconecta y queda libre sin los defectos y problemas que el cuerpo trae consigo. La segunda derivada y también es una verdad final, es que para que el espiritu se mantenga en este planeta debe existir un mecanismo que la ciencia clásica no considera, lo que llamamos gravedad debe atraer los espíritus de alguna forma, en este libro se ha construido un universo en el cual existe la atracción de gravedad del planeta a los espíritus, es más existe otro planeta similar al nuestro, con similar geografía, pero en una dimensión residual donde los espíritus esperan para su próxima reencarnación, de esta manera poder efectuar un mejoramiento del alma. En el intertanto cuando solo son espíritus hay un planeta donde ellos residen, lo que hacen es, educarse durante ese periodo, son entrenados por los espíritus trascendidos que sabemos que son lo que se denominan espíritus superiores. Muchas de estas descripciones, las he tomado en una interpretación libre de los múltiples libros de la ciencia espirita, que en este último tiempo mi esposa Carolina lee, ella me da esta información y de alguna manera voy construyendo esta manera de entender este universo.

Lo anterior es de una importancia no menor, básicamente porque hemos dicho que el mundo de los espíritus de alguna manera trabaja con las leyes de la gravedad de Isaac Newton, también con la relatividad general de Albert Einstein, en otras palabras, la imagen residual de nuestro presente, misma que está en la película en el ejemplo del cine, tiene algo de materia y esa materia forma algo así como un planeta en paralelo al nuestro y nosotros nos ubicamos como espíritu, prácticamente en la misma, distribución geográfica de este planeta Tierra, que en ese otro mundo de materia residual, por esta razón también pienso que cuando nos vamos de este presente, pasamos al mundo de sólo los espíritus, estamos prácticamente donde mismo geográficamente, pero en el mundo residual que es una copia de nuestro planeta, pero modificado por los espíritus que ahí viven y es por eso que podemos sentir a nuestros seres queridos, ellos creen en un momento estar encarnados, pues se encuentran trascendido y en un lugar muy parecido a lo que hay en el mundo real. Esta especie de reflexión tiene mucho sentido debido a que cuando nosotros somos espíritus hay varias necesidades tales como comer, la ropa, la transpiración etcétera. Ya no necesitamos y no tenemos ese tipo de necesidades. Además, no tenemos ese sentido de la propiedad pues no tiene sentido tener propiedad en el otro lado, tampoco hace sentido trabajar mucho porque tampoco necesitamos alimentos para mantener este Avatar que es nuestro cuerpo.

El tema de la localización geográfica se basa en un curioso caso de reencarnación, casi masiva en Birmania, mucho de los niños que se han reencarnado en ese país, recuerdan haber sido soldados Japoneses en la segunda guerra mundial, ellos los japoneses ocuparon el país de Birmania, murieron combatiendo en la Isla, pero cuando debieron regresar al cascarón del presente, lo hicieron en el país que habían sido descarnado, este caso como he mencionado me lo describió Carolina, claro, me hizo todo el sentido, en el universo a medida que hemos construido.

En realidad, lo que somos, es eso, un Avatar que cada cierto tiempo es ocupado por los espíritus que están en el universo residual, efectivamente hay una inteligencia detrás de esta transición, entre los espíritus y nosotros, los seres reencarnados. Pero antes de hablar y entrar a ese punto, sigamos con nuestra reflexión en el universo DOT. Esta geometría da la posibilidad de que existan estos cascarones, que contienen el universo residual con los planetas residuales, cuando hay esta transición de cascarones del presente al pasado, de hecho, los espíritus o algunos de ellos pueden de alguna forma poder viajar entre estos cascarones de presente pasado y futuro, por ser espíritus, eso es la virtud que les brinda el no tener materia.

Quiero hablar un poco sobre el tema de la histéresis, que se hace mención varias veces en este libro, este fenómeno se manifiesta en los diferentes ladrillos, la histéresis es un concepto que existe en electromagnetismo y se da en los electroimanes, una forma muy simple que se puede fabricar un electroimán es aplicando un campo magnético a un trozo de hierro dulce e induciéndole un campo magnético en un sentido, es decir, se crea un norte y un sur en un lado del trozo de hierro. Este campo magnético se empieza su aplicación desde cero, parte con cero y poco a poco se aumenta la intensidad del campo magnético, hasta un máximo para llegar al tope del magnetismo que soporta el trozo de hierro dulce. La curva de magnetización, en el hierro dulce, sigue un camino de magnetización que está un poco desfasada con respecto al campo que estamos aplicando, Lo interesante y que da origen al concepto de histéresis es cuando se invierte el sentido del campo, es decir, dónde estaba el norte se quiere imponer un sur y donde estaba el sur se quiere inducir un norte, lo que se debe hacer es primero desmagnetizar o quitar el campo y empezar a aplicar un campo en sentido contrario. Cuando se aplica este campo en sentido contrario lo que ocurre es que el trozo del metal se opone al cambio del flujo que el experimento exige aplicar. La diferencia del camino de ida del magnetismo en una dirección y el magnetismo en otra es lo que se conoce como histéresis, en otras palabras, es la resistencia al cambio de sentido del campo magnético en un trozo de hierro dulce, explicado en pocas palabras.

La aplicación que tiene para el universo de DOT la palabra histéresis, se refiere a que cuando un cascarón del presente deja de serlo, en ese cascarón existen planetas soles y estrellas, las materias que están en esos sectores del cascarón, al pasar al siguiente cascarón, es decir, el pasado, contienen cierta información de los cascarones del presente, una especie de energía residual o una materia residual que forma planeta en el cascarón del pasado, pero no planetas en todo el sentido que conocemos, aquí en el presente, sino planetas que les sirven a los espíritus donde vivir y donde alojar y es ahí donde en mi impresión, vamos a ir todos y es donde pienso que está mi hijo.

En estos cascarones del presente pasado y futuro viven los espíritus, dónde vivimos nosotros podemos fácilmente o pueden ello los espíritus fácilmente transitar de los diferentes cascarones, pero en una frecuencia, de tal forma que nosotros no podemos verlo, ellos nos ven, pero diferido, es más cuando tratan de hacer algunas de estas técnicas como conversaciones con espíritus o trans-imágenes son difusas, porque ellos no saben cómo fijar las imágenes y cómo fijar el sonido y nosotros menos. El concepto de la frecuencia que se hace mención anteriormente, el significado es que cada cascaron del universo DOT, tiene rangos de frecuencia diferentes, en el cascaron del presente esta frecuencia son detectadas por la materia bariónico, en los de los cascarones de materia residual, las frecuencias son otras. Todos debemos habitar el mismo espacio, pero separados por rangos de frecuencias de cada cascarón. Lo explicado anteriormente se puede pensar a lo que ocurre hoy en día en cualquier parte de una ciudad moderna con las diferentes frecuencias de señales telefónica y de internet, para des modular esa señal se requiere de teléfonos inteligentes, los cascarones esféricos son esos des moduladores del presente y de materia residual.

El concepto de la frecuencia dice relación de la invisibilidad de los espíritus en los cascarones del presente, de acuerdo a lo que se explicó en detalle en el capítulo de relatividad espacial, el tiempo coordenado es determinado por la cantidad de cascarones que atraviesan la materia, recordando que los cascarones son los ladrillos del universo DOT, los mismos, son ladrillos con materia y sin materia, tiempo coordenado se produce cuando los ladrillos con materia son atravesados por los ladrillos solo de espacio. En esta explicación falta un paso para que el lector lo internalice, el universo real es el de geometría de cubos, por lo tanto, en este universo los potenciales de los ladrillos se suman, eso origina diferentes tiempos para las diferentes densidades de materia. Esta es la razón que la materia residual de los cascarones del pasado en el universo DOT, tenga un reloj diferente. Se está afirmando que el reloj del cascarón del presente es diferente del cascarón del pasado y futuro. Y como las frecuencias son medidas en relación directa de los relojes en cada cascarón, efectivamente las frecuencias de los espíritus son diferentes y se hacen invisible a nuestra percepción.

La pregunta es ¿Por qué nos ven ellos?, la respuesta está en los libros de Allan Kardec, usando el peri espiritu de nosotros, los seres con cuerpo y espiritu. Confieso que no tenía esta respuesta, pero si se analiza es muy directa su conclusión, los espíritus no tienen órganos son solo espíritus y no tienen el sentido de la visión, ellos ven por sensaciones y utilizan a nuestro peri espiritu para hacer contactó con este cascarón del presente.

Mi hijo Daniel cuando transitó al mundo de los espíritus tal como todos nosotros nos supo dónde estaba, creyó estar vivo, el buscó su cuerpo, su Avatar y se ve separado de él, creo sentir exactamente lo que le pasó, porque lo conozco, me voy a guardar para mí esta conversación con él, cuando estemos los dos al otro lado y lo hablemos, pero, ¡ Ya sé dónde estás!, pienso que los dos construimos este universo DOT para ti, tal vez ese es mi último regalo de padre que te doy, sé que me estás leyendo y que me estás escuchando, además sé que has aportado gran parte de lo que escribo. No puedo decir más cosas en relación a tu estado en el otro lado, has venido varias veces a contarme que hay espíritus superiores que te han estado ayudando, también sé que estás en una especie de curso en el cual te están corrigiendo los errores que has cometido en este presente, además en el otro lado muy pocos entienden como es el cascarón del universo DOT, créeme que también tengo la duda, si es como creo que es o como tú dices que es, también cómo me lo has dictado, creo que lo que te enseñan en el otro lado, donde te he visto en mis sueños y donde también Carolina te ha visto, es donde corrigen tu vida, vas a venir en una nueva familia que espero te trate muy bien, pero antes creo que vamos a estar los dos al otro lado, de acuerdo a lo que he leído en el cascarón del presente, en el que estoy escribiendo este libro, la reencarnación se da cada sesenta años, entonces me quedarán unos quince a veinte años de vida cuando mucho, por lo tanto tenemos tiempo para seguir hablando en mis sueños y en tus manifestación.

Bueno hijo mío en realidad lo que me queda del libro es hacer los artículos científicos, porque, aunque los lectores no los crea cuando escribí el libro hay muchas cosas que cambiaron del artículo científico que preparé, me di cuenta de que tiene muchos errores y me imagino que este trabajo tiene también errores, pues no sé sí es verdad, sólo creo que escribí lo que sentí o lo imaginé.

¿Dónde Está Mi hijo?

Capítulo Diez

El Juego de Video

Daniel le gustaba mucho practicar juegos de video, una historia en la cual muestra los primeros años de Daniel y de su hermana Francisca, por razones obvias francisca ya tenía algo de experiencia en el juego de consolas para videojuegos, ella tiene 2 años más qué Daniel y en alguna de las navidades recibió una de las consolas que estaban de moda, aunque nunca fue muy adicta a este tipo de juegos, le gustaba más los juegos de muñeca, pero se entretenía mucho haciendo casas. Cuando Daniel muy pequeño intentó jugar no tenía mucha habilidad y Francisca le enseñaba a jugar, pero ella tan tierna siempre, se dejaba ganar y resultaba muy amoroso y gracioso verlos jugar estos juegos, pues Francisca se reía de lo lenta que era para poder cumplir con su enseñanza a su hermano pequeño y se dejaba perder para que Daniel pudiera ganar.

Con el tiempo Daniel tomó una habilidad extraordinaria en los juegos de video, pero recuerdo esos días donde Francisca hacia eso por su hermano, también mi hija era un poco traviesa y a veces le escondía su juego porque Daniel era muy obsesivo con ellos. Buenas historias y buenos tiempo, recuerdo todos esos momentos con una profunda gratitud de lo vivido. Tal vez por eso cuando estaba escribiendo este libro se me ocurrió que en realidad lo que podía hacerse con todo lo escrito era un videojuego algo que siempre conversamos con Daniel. Crear nuestro propio videojuego, más bien era la Carolina que le decía que él creara un videojuego más que jugarlo, pues bien, esto es lo que vamos a tratar de expresar ahora.

Cada idea o análisis para intentar explicar cómo funciona este universo en que vivimos, puede llevar a un éxito o un fracaso, este apartado en este libro es el plan B para la idea expuesta en este trabajo. Si el universo DOT propuesto es solo una curiosidad matemática argumental y no es aplicable al universo en que vivimos los humanos. Bueno lo anterior, es decir, el fracaso del concepto propuesto, abre la ventana o no impide que se diseñe un programa computacional que modela este universo, esto resulta ser un escenario muy atractivo para un videojuego, en el cual se nos permite viajar en el tiempo usando o violando algunos principios de la física y de la relatividad general, es decir, en el modelo del juego o en la programación se debe armar esta especie de mapa de todo el universo DOT, en donde en este universo, se les muestra a los jugadores que existen seis coordenadas, más dimensiones auxiliares que tienen que ver con los presentes que hay en este universo, porque sí existen más presentes en este diseño de video juegos.

Un videojuego podría suponer que existen por ejemplo diez presentes saltados entre ellos, una cantidad de años a determinar, tres años, por ejemplo, como se muestra en dibujo número quince. Existirán un número igual, hacia el futuro como al pasado de presentes, por tanto, los participantes de este juego pueden estar en distintos niveles, los que están más al pasado tienen menos información que los que están más al futuro. Lo mismo ocurre con las armas y la tecnología, los jugadores tendrán a su disposición equipos de acuerdo con los niveles que se ubiquen en el universo DOT. Sumado a que los jugadores tendrán el conocimiento de la geografía del universo DOT, pueden ponerse cosas simpáticas como por ejemplo al modificar el pasado se cambia el presente y se puede ayudar a otro competidor y poder jugar en equipo.

Para hacer esa modificación hay que cumplir con algunos criterios. Se sugiere usar algunos premios como por ejemplo tratar de explicar hechos reales con física, es decir, dejar una puerta abierta para matemáticos y físicos que puedan participar de este juego. No se está programando un juego, sino que se está haciendo lo que en ingeniería se conoce como ingeniería conceptual del juego, el cual está expresado a lo largo de todo este libro y este apartado sólo tiene la finalidad de dejar claro que los autores del libro lo pensaron.

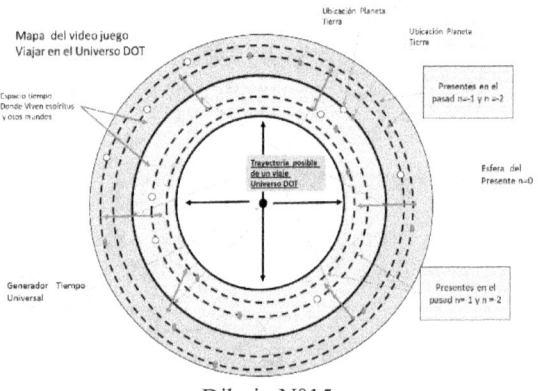

Dibujo N°15
Mapa del Video Juego del Universo DOT

Para los físicos se podrá dejar la puerta abierta para que sean ellos los que completen dentro del juego las leyes, para la demostración del universo DOT o para probar su imposibilidad.

¿Dónde Está Mi hijo?

Capítulo Once

La Película

El universo DOT, se puede usar para construir el guion de una película, así como se sugirió para el uso del diseño de un video juego, también en este capítulo se sugiere que sea usado para el diseño de una película.

Hay muchas películas que ya hablan de viajes en el tiempo, también hay de viajes entre portales, están las películas como guerra de las galaxias que crea mundos interplanetarios con tecnología para hacer viajes intergalácticos, sin entrar en la explicación de cómo se hacen estos viajes. La diferencia podría ser, si un guionista se decide a usar el diseño del universo DOT en su película, que los viajes intergalácticos e interplanetarios tienen un fundamento teórico, pero eso de por si no hace una gran diferencia y por esto creo me decidí a escribir estas líneas en este capítulo.

El factor diferenciador en mi opinión puede ser un concepto que se ha esbozado durante el desarrollo del libro y en este capítulo me gustaría explayarme en detalle de este concepto.

Para entrar directo en materia el factor diferenciador, es que los viajeros interplanetario requieren de dos cosas: lo primero es unos faros para guiar sus viaje y lo segundo, es de oasis, tal como se explicó cuando se abordó la temática de viajes en el tiempo, la tierra es eso, para estos viajeros, el guion que se sugiere es desarrollar un conceto de travesía interplanetario en este universo, con la herramienta que se ha creado permite a los poseedores de la tecnología, ser un observador omnipresente en el espacio y tiempo.

En este universo DOT, se puede pensar en metrópolis de planetas habitados con vida inteligente muy similar a la nuestra y con los problemas de metrópolis, pero ahora de planetas, en este escenario los habitantes de esos planetas, necesitan viajar a explorar las galaxias tal como se sugiere en viaje a las estrellas, pero la diferencia es la tecnología de los viajes, las naves que pueden viajar lo que hacen es cambiar de cascarón esférico en diferentes presentes, para eso cambian el potencial del casco de la nave espacial, donde los tripulantes viajan, esa ahí donde se requieren de oasis en los diferentes cascarones para que cuando una nave cambie de cascarón, lleguen a estos oasis como paradas intermedia, de su destino final.

Lo que se postula es que una civilización que posea esta tecnología para ir de un punto a otro, no lo puede hacer como una línea recta, sino más bien debe calcular en que ubicación aparecerá en los diferentes cascarones y de esa manera poder acortar distancia en su viajes intergalácticos, una nave al hacer el cambio de cascarón aparece en una ubicación cerca de estos oasis definidos en este universo DOT, en los cuales las naves se recargan de algunos suministro que cada civilización requiere y luego continúan su viaje a otros oasis y también hasta su destino final, la pregunta que se puede plantear, Estos oasis son naturales o se requirió la ayuda de esas civilizaciones para que surgieran en la mitad del desierto interestelar vida inteligente, la experiencia que hay en la tierra, es que existen de los dos tipo, el guionista de la película puede elegir uno de esos caminos para armar su trama , además de usar la física que se propone en el universo DOT.

En la trama misma de la película se pueden usar elementos históricos como las historias de los sumerios y esto mezclar con los viajes interplanetarios de las naves que postula este libro.

Hay un tercer argumento que es de una discusión filosófica que plantea este libro, se refiere a los espíritus de los seres de otras galaxias. Para eso es bueno recordar donde viven los espíritus de todos los seres de este presente, en los cascarones donde se encuentra los planetas residuales. Es ahí donde se ubican los espíritus de todos los seres de este universo DOT y claro se puede hacer un argumento de una película con este planteamiento.

Cada cascarón del universo DOT, representa un universo de geometría de cubo de lados que tiene una dimensión de millones de años luz, dentro de esta geometría ahora se han ubicado cúmulos de galaxias y dentro de estas galaxias, soles con su respectivos planetas, en el cascarón del presente, en el que se genera vida y tiempo coordenado, decir esto, no es nada de extraordinario, lo diferente y especial es decir que hay más cascarones donde en la construcción del universo DOT se definió que hay materia residual, por lo explicado en los capítulos de este libro. Lo anterior tiene una segunda derivada y es afirmar que existe en estos cascarones, materia residual de los cúmulos de galaxias, de las galaxias y de los soles con sus respectivos planetas.

En consecuencia, también hay espíritus en todos los planetas que puedan existir en estos cascarones esféricos de materia residual. Detengámonos en la geometría de estos cascarones de materia residual y en la existencia de espíritus, claro ahora entramos en la ciencia ficción, los espíritus en teoría, no tienen problemas con visitar planetas que para la vida de cuerpos encarnados son muy inhóspito. Por ejemplo, si una civilización desarrollada crea un mecanismo de una comunicación tecnológica entre los espíritus de tal manera que ellos puedan manipular equipos en el cascarón del presente, perfectamente pueden tomar decisiones que una maquina no podría enfrentar, esta función puede ser usada para enviar naves no tripuladas con cuerpos encarnados, pero si con espíritus que puedan controlar y entregar información de los planetas que ellos puedan visitar. Esto como una primera tecnología, la segunda tecnología es desarrollar avatares mecánicos o tecnológicos que puedan ser usados por estos espíritus para de alguna manera poder hacer exploraciones de planetas intergalácticos, finalmente estos espíritus pueden acceder a planetas completamente inhóspito para la vida de cuerpos encarnado, estamos sugiriendo que pueden viajar por ejemplo, al centro de nuestro planeta, para informar de que están hechos y ayudar a la ciencia a construir los modelos matemáticos para la comprensión de la ciencia. Todo lo anterior en el ámbito de la ciencia ficción y que resulta ser una alternativa interesante de explorar para el argumento de una película.

Anexo

Articulo Científico

Introducción

Este trabajo tiene como novedad proponer un sistema de coordenadas donde se representa un universo de seis dimensiones, tres espaciales más tres de un campo denominado tiempo Universal. Las seis dimensiones son graficadas en un sistema de coordenadas de tres dimensiones que permiten una fácil visualización. En una primera etapa el sistema es una base coordenada solo de espacio y de campo tiempo universal, además él sistema de coordenadas posee una dinámica para representar el movimiento de las tres coordenadas espaciales en el tiempo, luego en una segunda etapa se representan los planetas, estrellas y agujeros negros en esta base coordenada.

Sistema de coordenadas del Universo Teórico DOT

El universo propuesto se basa en un sistema de coordenadas teórico que su concepto inicial es una geometría para el espacio de la forma de un cubo, donde cada lado del cubo mide miles de millones de años luz, ¿Cuánto?, la verdad que no está ese valor es un cubo de lados finitos donde el sistema de unidades es miles de millones de años luz para los lados del cubo. El primer paso en este universo, que denominaremos universo DOT (Daniel Ordenes Torres), para modelarlo, lo vamos a

¿Dónde Está Mi hijo?

considerar sin materia, es decir, existe nada dentro de este universo DOT, es solo el sistema de coordenadas, su equivalente en lo que las matemáticas se denominan; las coordenadas esféricas, cilíndricas o las euclidianas. En este caso coordenadas DOT.

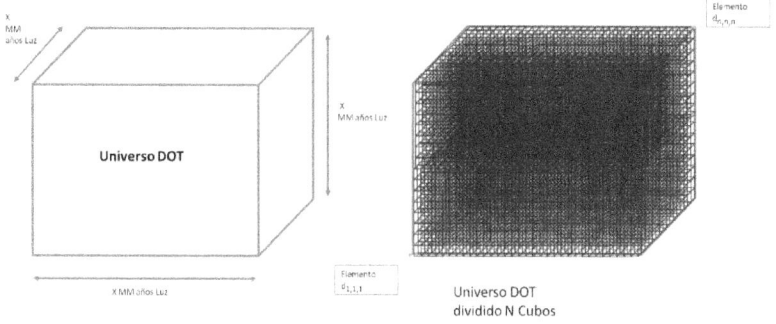

Dibujo N°1
Geometría Universo DOT

El segundo paso, es que el universo DOT lo vamos a dividir en cubos regulares de dimensiones pequeñas, pero no de nivel cuántico. En otras palabras, un cubo de dimensiones de miles de millones de años luz, se divide en miles de millones de cubos pequeños, una trama interior de cubos. Donde no conocemos el largo del universo DOT, tampoco el largo de los ladrillos que forman el universo DOT. Los cubos pequeños los llamaremos en este documento ladrillos. Solo a modo de tener una dimensión de los ladrillos como referencia en este documento se supondrá que cada ladrillo mide un centímetro de lado, es decir, cada ladrillo es un cubo de 1 cm³.

$$D_n = \sum_{ijk\,=\,1}^{m} d_{ijk}$$

En la ecuación anterior D_n representa la suma de ladrillos d_{ijk} para completar el universo DOT en un manto o nivel N. Cada ladrillo en su interior tiene un pedacito de las coordenadas euclidianas espaciales

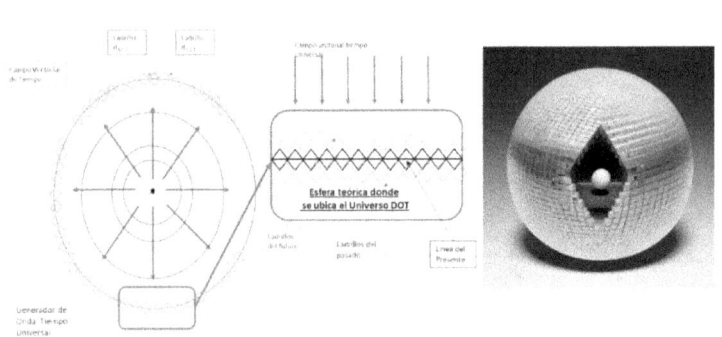

Dibujo N°2
Corte de la Esfera del Universo DOT

El tercer paso para armar el sistema de coordenadas del Universo DOT es: Tomemos los ladrillos de este universo DOT y dispongamos todos estos ladrillos en una esfera, de tal manera que cubran la superficie de la esfera de manera completa, en un comienzo la esfera estará vacía en el interior, solo están los ladrillos del universo DOT del paso 2 de este desarrollo, lo que se propone es una esfera con el volumen suficiente para que sea cubierta por los ladrillos de manera completa en la superficie, en el cascarón de la esfera, es decir, la esfera tiene un radio en unidades de miles de millones de años luz. La orientación de estos ladrillos es tal que sobre ellos y debajo de ellos se pueda ubicar otra corrida de ladrillos con similar geometría. Existirán varios niveles de mantos esféricos, donde los niveles están unos pegados a los otros. En el centro de esta esfera suponemos un generador de campo denominado campo de tiempo universal (t_u), un campo de tiempo que emite de manera continua un campo vectorial de tiempo de geometría esférica radial, el campo vectorial tiene dirección radial, parte en el centro de la esfera y su dirección de avance o gradiente, es hacia el exterior de la esfera. Para no entrar en confusiones, esto es una representación del universo o de las coordenadas espaciales, No es que el Universo se divida en cubos y los cubos estén ubicados en la superficie de la esfera. Hay que pensarlo como un cambio de coordenadas en algebra, lo propuesto es un cambio de coordenadas, pero geométricas.

En resumen, lo que se tiene es una esfera de radio tal que permite que todos los ladrillos del universo DOT cubran su superficie y la onda de campo de tiempo universal, polariza simultáneamente a todos los ladrillos ubicados en el manto de la esfera, cuando los ladrillos dejan de ser el presente y pasan a ser el pasado, el potencial de los ladrillos, en el campo de tiempo universal cambia, los ladrillos están polarizados, por donde entra la onda, son polarizados los ladrillos con el pasado y por donde sale es el futuro.

El paso final es que el tamaño de los ladrillos es muy pequeño en comparación con el radio de le esfera, en consecuencia, no hay errores al considerar una superficie casi plana en forma de esfera para el cascarón formado por los ladrillos, con esta aproximación, el universo DOT, es un sistema de coordenadas construidos en una esfera donde el volumen esférico es a la vez coordenadas de campo de tiempo universal y espacio, es decir, 6 dimensiones, los cascarones esféricos son las dimensiones espaciales y el volumen esférico son las dimensiones del campo tiempo universal.

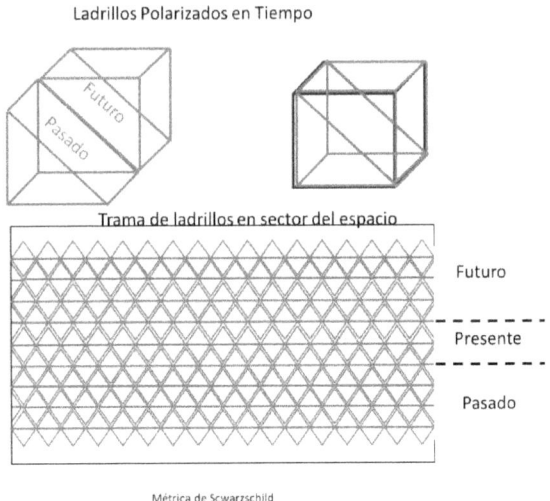

Dibujo N°3
Polarización Ladrillos y Deformación Onda Tiempo

Con la aproximación realizada anteriormente, la superficie de un nivel de ladrillos es aproximadamente plana, el resultado es que el tránsito de los niveles de cada corrida de ladrillo hay que pensarlos como mantos que se colocan unos encima del otro.

En este sistema de coordenadas el gradiente del campo de tiempo universal crece del centro de la esfera en dirección hacia el exterior de la esfera. El flujo del espacio viaja del exterior de la esfera hacia el centro de la esfera. El presente por definición en esta base coordenada es donde hay vida y es estático en relación del avance del espacio y el gradiente del campo de tiempo universal, lo anterior ocurre porque estos dos vectores aumentan sus valores en sentido contrario, esta definición además implica que el tiempo coordenado, el que miden nuestros relojes solo se da en el cascarón del presente y todas las leyes físicas solo aplican en este cascarón del presente. El cascarón del presente es la superficie de la esfera completada con los ladrillos del paso dos de este sistema de coordenadas.

La base coordenada del universo DOT es de seis dimensiones, tres espaciales euclidiana, que son los ladrillos que se ubican en los diferentes mantos de la esfera con la dinámica antes explicada y el campo de tiempo universal tiene otras tres dimensiones con geometría esférica, es decir, R, θ y φ.

Transcurrido un tiempo la base coordenada es una esfera con un manto esférico con cierto volumen, este volumen está formado por las capas delgadas del universo DOT. Sometidos a un campo de tiempo universal.

Campo de Tiempo Universal

El campo de tiempo universal se produce en el centro de la esfera universo DOT y crea un potencial esférico de campo, dónde las esferas del exterior tienen mayor potencial que las esferas en el interior. Esta definición dice que el campo de tiempo universal no es un flujo propiamente tal, es una onda que viaja cambiando los potenciales de los ladrillos en los diferentes cascarones esféricos, lo que hace es que provoca el movimiento del espacio. Los cuales se mueven por diferencia de potencial del campo tiempo universal. Por esta razón los cascarones esféricos del futuro se mueven al nivel del presente y el nivel del presente se mueve al pasado.

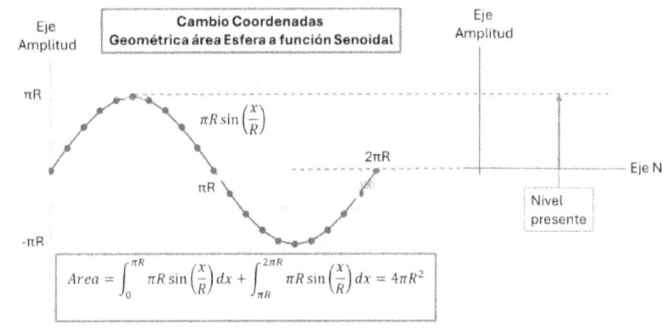

Dibujo N°4
Representación Universo DOT con la función seno

Es una especie de energía potencial, el flujo del espacio se cae del futuro al pasado, lo anterior porque el futuro esta polarizado en un nivel superior de campo del tiempo universal, que el presente y el pasado.

Con el objeto de tener una visualización de lo explicado anteriormente se propone hacer otro cambio de variables geométricas, para poder ver qué ocurre en el ancho de banda con el tiempo universal. Se hace otra parametrización geométrica que se explica a continuación.

La idea que se usará para parametrizar el universo de DOT, se basa en que el área de una esfera es idéntica con el área de una función senoidal como se muestra en figura número cuatro.

En esta figura, está la conocida grafica de una función seno, y en este caso particular se está representando en el área de esta función, el presente del universo DOT, misma que no está en función del tiempo coordenado, ni siquiera del tiempo universal, la interpretación de esta función es la siguiente.

Es conocido que una esfera tiene un área que es $4\pi R^2$, este valor también se puede obtener de una función senoidal donde su período $2\pi R$ y su altura es πR como muestra dibujo número cuatro.

El área es el de los cascarones esféricos del universo DOT, ahora es el equivalente en una función seno, en esta área de la función graficada, es donde están los ladrillos del universo DOT. En el dibujo a un costado derecho hay un segundo gráfico, con una flecha que muestra la amplitud de la función seno se resume toda la información de un nivel N del universo DOT.

Lo poderoso de esta herramienta es que solo con la flecha de amplitud de la función $\pi R seno(x/\pi)$ se puede graficar en un eje de los diferentes cascarones esféricos del universo DOT, donde se encuentra toda la información del espacio en todos los niveles N, cada flecha que se ha dibujado represente la amplitud de la función seno, y esta a su vez representa los cascarones esféricos del universo DOT, donde la suma de todos los cascarones esféricos representa el universo completo DOT.

La operación o la dinámica del universo DOT es la siguiente: los niveles se mantienen estático, y lo que se mueve es el espacio que viaja del futuro al presente y luego al pasado, como se ha mencionado anteriormente, pero ahora se define que la métrica ambiente del sistema tiene seis dimensiones y la métrica inducida tiene 5 dimensiones, en otras palabras, el presente en el universo DOT es una hiper superficie de 5 dimensiones, lo son también cualquier nivel n de este universo DOT.

Métrica ambiente universo DOT

$g_{\mu\upsilon}$ $\mu,\upsilon = \{R,\theta,\emptyset, x.y,z\} \rightarrow \{e_R, e_\theta, e_\emptyset, e_x, e_y, e_z\} = \{e_1, e_2, e_3, e_4, e_5, e_6\} = e_\mu$

Cada nivel del universo DOT, es lo que se denomina una hiper superficie que vive en la variedad ambiente, para diferencial los índices de la métrica ambiente y la hiper superficie, se usará un índice a, el cual, es para recorrer la hiper superficie, podemos decir:

$$e_a = \frac{\partial x^\mu}{\partial y^a} e_\mu$$ con $a = \{2,3,4,5,6\}$ $\mu = \{1,2,3,4,5,6\}$

Métrica Inducida

El espacio ambiente de la hiper superficie, en nuestro caso el presente donde vivimos, se genera una métrica que se denomina métrica inducida, la métrica inducida es donde viven los seres en esta hiper superficie, para la métrica inducida se usa la letra; hab

$$h_{ab} = e_a \cdot e_b = \frac{\partial x^\mu}{\partial y^a} e_\mu \cdot \frac{\partial x^\upsilon}{\partial y^b} e_\upsilon$$

$$h_{ab} = \frac{\partial x^\mu \partial x^\upsilon}{\partial y^a \partial y^b} g_{\mu\upsilon}$$

Tenemos una relación para conectar la métrica ambiente y la métrica inducida de la hiper superficie. Para entender lo que estas fórmulas de la métrica están estableciendo, Se está afirmando que el presente al ser un nivel estático es una hiper superficie de 5 dimensiones, el universo DOT en todo el ancho de banda es la métrica ambiente de 6 dimensiones, la dimensión que no varía en el presente es la del radio de las coordenadas esféricas, lo anterior porque se dejó estático el presente, por ende, el radio, somos la frontera del universo DOT.

La pregunta que queda es la siguiente, ¿Existen más presentes que el nuestro?, Del punto de vista de ingeniería nos preguntamos y cuestionamos , ¿si existe un solo presente?, un hecho catastrófico para el equilibrio de todo el universo, seria inevitable y representaría el fin del universo , en cambio sí hay una inteligencia superior que es un observador omnipresente en todo el ancho de banda del universo DOT, podría modificar el presentes que están en el pasado del presente, donde ocurrió el echo catastrófico y de esta manera podrá prevenir esos eventos y poder evitar el colapso de todo el universo. Filosóficamente están en colisión estos dos posibles escenarios para el universo DOT:

1.- Existe un solo presente y las leyes conocidas y no conocidas de la física son suficiente para evitar o no evitar el colapso en este presente del universo. En golf seria con el primer tiro se acierta la pelota en su ubicación en el verde.

2. Existen varios presentes y hay un observador que puede editar los presente y modificar eventos en el futuro de otro presente usando las leyes físicas.

A juicio de los autores de este trabajo, que son ingenieros, creen que es muy probable que se esté haciendo edición de los diferentes presentes, de acuerdo con los eventos futuros de los diferentes presentes.

El campo de tiempo Universal y Relatividad Especial y General

El tiempo coordenado t, es el tiempo que miden los relojes, el que está en el teléfono móvil o en el reloj de pulsera. La pregunta es: ¿Cuál es la diferencia entre campo de tiempo universal t_u y tiempo coordenado t?, para eso necesitamos introducir la relatividad especial, más precisamente el espacio tiempo de Minkowsky y la transformada de Lorenz. Es conocido que lo que hacen estos dos físicos es relacionar como ven su línea de mundo, dos observadores, una estático y el otro inercial a velocidad contante cercana a la de la luz, la transformada de Lorenz conecta las variables físicas de los dos observadores usando herramientas de matemática de vectores, tales como la métrica, los vectores de base y los componentes de los vectores. El resultado final es que de acuerdo a esta matemática ocurren cosas como, que el tiempo no pasa igual para los dos observadores, esto implica que las distancias que miden estos dos observadores son diferentes, lo único que es igual en los espacios de estos dos observadores es la velocidad de la luz. Ahora en el universo DOT, la matemática del desarrollo de estos dos físicos para la relatividad especial no cambia, la diferencia está en la interpretación. En el universo DOT, el presente es una dimensión estática constituida por un cascarón esférico el cual avanza al futuro a la velocidad de la luz, además, el tiempo coordenado no es una dimensión fundamental, solo se origina en el presente y por esta razón está en fase con la dimensión auxiliar del cascarón esférico del presente. Entonces para unir los dos conceptos en el universo DOT lo que describen las transformada de Lorenz, es que no podemos ir más rápido que la luz. Lo anterior se debe a que nos saldríamos del cascarón del presente y en el siguiente cascarón, el del futuro, no hay vida y no se genera tiempo coordenado, solo cuando ese cascarón del futuro sea el presente podrá existir vida. Entonces la relatividad especial en el universo DOT, es necesaria que exista y se aplique para hacer eso. Hay un ejemplo de la sala de cine que puede ayudar a explicar lo anterior. En un proyector de cine, el espacio lo podemos asemejar al royo de la película, el presente es la película que se está proyectando, el campo de tiempo universal es la lampara que proyecta la película junto con el motor que mueve el royo. Ahora supongamos que uno de los actores quiere intentar ir a una velocidad más rápida que lo que cambia las fotos en negativos del royo de la película, para este actor y para los espectadores, este actor se observa que comienza a quedar casi detenido su reloj tendría un ritmo diferente que el del resto de los actores, lo que es predicho por relatividad especial.

El tiempo en el universo DOT se define como una diferencia de potencial del campo de tiempo universal medidas, esta diferencia en el cascarón del presente. Recordemos que el espacio está fluyendo a la velocidad de la luz atravesando el presente, el tiempo se mide en un lugar físico del cascarón del presente y la diferencia de potencial entre dos cascarones diferentes del presente es el tiempo. Hay una posible contradicción en esta explicación, pero para poder aclarar, es útil el ejemplo de la película proyectada en la sala de cine, el tiempo para los actores que están en la película es la diferencia que ocurre entre una fotografía proyectada y las que vienen en el futuro de la película y que será proyectada cuando la película llegue hasta ese instante de la trama.

¿Por qué no se puede ir más rápido que la luz en el universo DOT?, debido a la naturaleza del tiempo, el cual se origina por la diferencia de potencial de t_u, la velocidad de los cascarones esféricos atravesando la materia es la velocidad de la luz, si la materia pretende ir más rápido que la velocidad de la luz, lo hace en una dirección contraria a la de los cascarones esféricos del universo DOT, debido a esto el tiempo de la materia viajando a velocidades cercanas de la luz pasa más lento para un observador estático tal como relatividad especial predice.

Entonces si una materia intenta viajar más rápido que la luz, se origina el problema de dos vectores con igual velocidad viajando en sentido contrario, debido a lo anterior, es que un observador estático en el cascarón esférico del presente observa que el cuerpo inercial que viaja cerca de la velocidad de la luz realizará sus movimientos lentamente.

Nos queda explicar relatividad general en el universo DOT para eso usaremos la solución de Scharzschild, con ella podemos obtener las geodésicas qué son usados para calcular el movimiento de los planetas y también el comportamiento de los agujeros negros, en elemento de línea que es la solución de este físico de las ecuaciones de campo de Einstein, hay dos factores que hacen modificar el cálculo de las distancias que son los paréntesis de la ecuación que se muestra más abajo.

$$ds^2 = -\left(1 - 2\frac{GM}{rc^2}\right)c^2 dt^2 + \frac{1}{\left(1 - \frac{2GM}{rc^2}\right)} dr^2 + r^2(d\theta^2 + \sin\theta^2 d\phi^2)$$

La interpretación que le damos en el universo DOT a esta variación es que la materia en el universo DOT polariza en sentido contrario, del espacio vacío. Esta afirmación se puede modelar de la siguiente manera, suponer que el espacio vacío de los cascarones esféricos formado por los ladrillos polarizados, se puede reemplazar cada ladrillo por una pila eléctrica, por ejemplo, de un volt, la polarización de la materia en ese espacio es negativa, es decir, por ejemplo, menos 10 volt, por eso distorsiona el campo de tiempo universal del presente. En este trabajo se define que esta distorsión se modifica de acuerdo a la solución de Scharzschild la distorsión de t_u es hacia los cascarones del pasado, por esta razón en el universo DOT la materia se atrae, cae en las deformaciones que la materia provoca sobre los cascarones del presente sin materia. Esta definición del universo DOT, hace que el tiempo coordenado, que se ha definido como en fase del cascarón del presente, si se dobla, también dobla el tiempo coordenado provocando los cambios de ritmos en el tiempo que relatividad general predice.

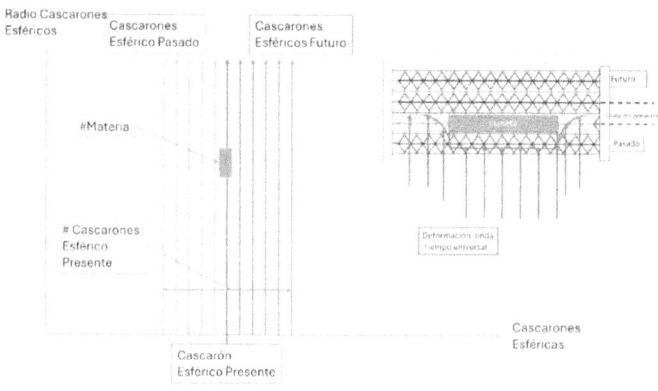

Dibujo N°5
Deformación Tiempo Universo DOT y Deformación Espacio Tiempo

Lo anterior en el universo DOT define que el tiempo coordenado, no es una dimensión fundamental, es un vector que tiene vectores de base y componentes de base que son función de las coordenadas esféricas del campo de tiempo universal. Por eso el tiempo coordenado de acuerdo con la geometría del universo DOT no es una dimensión fundamental.

Aplicación universa DOT

Deseamos abordar un problema conceptual en relación de la afirmación: Cuando miramos a nuestra estrella en el firmamento, la que está más cerca de nosotros Alfa Centauri, se afirma que está a cuatro años luz de distancia, con este problema o planteamiento podemos intentar aplicar la herramienta desarrollada en esta publicación y aprovechar de hacer un ejercicio intelectual para ayudar al lector a comprender la utilidad del universo DOT.

En el universo DOT, para hacer este ejemplo, se debe proyectar en el cascarón esférico la ubicación de nuestro planeta y la estrella al momento de emitir su luz. Para este propósito, lo que debemos hacer, es poner los ladrillos de la estrella distanciados 4 años luz de distancia de nuestro planeta en los cascarones esféricos, esa es la ubicación inicial, es como una carrera entre la luz que emite la estrella y nuestro planeta viajando al futuro, lo importante de entender es que la luz viaja a su velocidad y en él universo DOT, nuestro planeta y todo el cascarón esférico del presente, viaja al futuro a la velocidad de la luz, esta posición se encuentra graficada en un corte del cascarón esférico del dibujo número seis de más abajo.

¿Dónde Está Mi hijo?

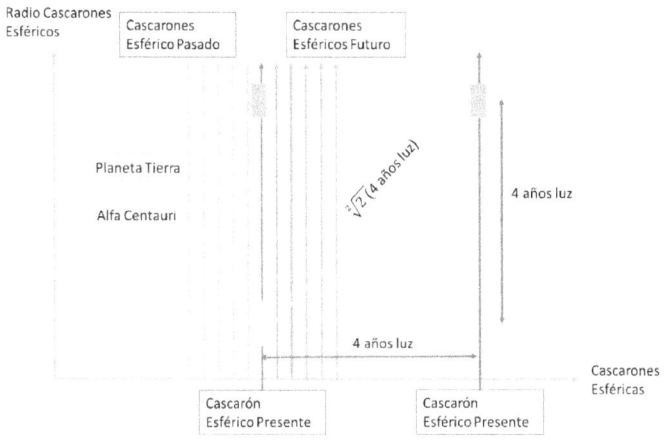

Dibujo N°6
Ejemplo Cálculo distancia de una estrella al planeta tierra

Vamos a suponer que este es el primer rayo de luz que salé de la estrella y en la tierra no se ha recibido ningún rayo de esta estrella, esto considerando la luz como una partícula, por eso hablamos de rayo. También sabemos del universo DOT, que el presente avanza hacia el futuro a la velocidad de la luz, es decir, tenemos dos competidores que tiene la misma velocidad, el rayo de luz de la estrella y la tierra que viaja al futuro a esa velocidad.

Vamos hacer una suposición del ejemplo, es que nuestro planeta y la estrella y nuestro sol se mueven en paralelo, y entonces podemos armar un triángulo para ver cuál es la distancia de nuestro sol a la estrella que se está midiendo, en un lado de este triangulo están los 4 años luz de distancia que es la partida de esta carrera, en el otro lado se encuentran otros 4 años luz que es lo que recorre el presente para llegar al futuro a interceptarse con el rayo de luz de la estrella, entonces la distancia que recorre la luz para llegar hasta nuestra estrella es la hipotenusa de este triangulo isósceles formado por estos dos catetos iguales, entonces la luz ha recorrido un cuarenta y dos por ciento más que los cuatro años luz, es decir, tenemos un problema o los astrónomos están midiendo mal las distancias, o ya están considerando este efecto en sus cálculos.

El universo DOT modelado con herramientas de Ingeniería Eléctrica

En la dinámica explicada del sistema del universo DOT, hay una inclinación del que escribe, en modelar el universo con herramientas matemáticas y tecnológicas de la especialidad ingeniería eléctrica, esto se hace manifiesto por ejemplo en los nombres de los diferentes tiempos que aquí se hace mención. El espacio es un flujo que se mueve por diferencia de potencial de los cascarones esféricos, en alusión como la corriente eléctrica se mueve por diferencia de voltaje.

Entonces en esa línea quiero expresar algunas ideas que al lector le pueden ayudar aclarar el funcionamiento de este universo, hay un concepto en especial que es bueno ahondar en él, que dice relación con la materia y como se representa en el universo DOT, tal como la relatividad de Albert Einstein predice. Ahora nos preguntamos, ¿Si se puede asemejar la materia a un concepto de la ingeniería eléctrica?, la respuesta es afirmativa, pero con algunas diferencias, en la dinámica del universo DOT, el espacio fluye en los diferentes cascarones, en cambio la materia se mantiene en el cascaron del presente, lo anterior es una descripción de un flujo de corriente eléctrica(el espacio) fluyendo por una resistencia o carga eléctrica(la materia), el campo de tiempo universal, se puede asemejar a un voltaje que hace que la corriente fluya(el espacio).

Hay más coincidencias, el espacio al fluir por un tipo de carga(materia) provoca diferencia de potencial de Λt_u, esto también ocurre en ingeniería eléctrica, la corriente al fluir por una carga denominadas resistencias, se produce diferencia de potencial y gasta potencia efectiva, también la corriente al circular por otro tipo de carga origina potencia reactiva. Ambas potencias son la suma vectorial de las dos anteriores (Efectiva y Reactiva). Lo mismo se puede hacer con los tiempos en el universo DOT. El tiempo coordenado es un vector en fase con el cascarón del presente, hay un tiempo reactivo que es el tiempo que está en fase con la dirección radial de t_u, y la suma de esos dos tiempos es el tiempo aparente.

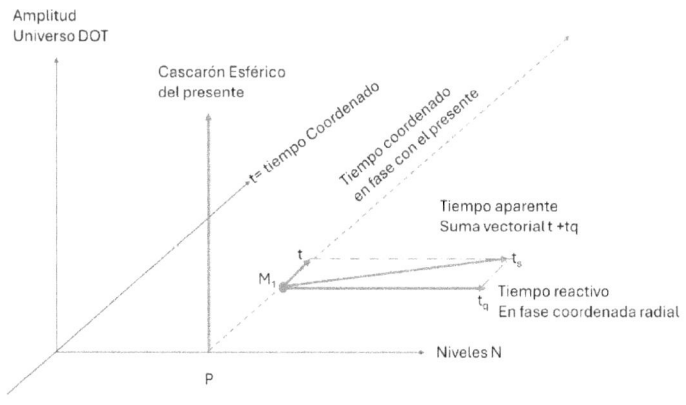

Dibujo N°7
Tiempos universos DOT

En los tres tipos de tiempo que existen en el universo DOT, el vector de tiempo coordenado debe ser pequeño en relación con el vector tiempo reactivo, lo anterior se debe a la aplicación de la relatividad especial, entre estos dos vectores, se forma un ángulo, el cual debe ser pequeño para que no aplique relatividad especial, si ese ángulo es grande, tiene sentido la aplicación de relatividad especial, si no aplica la física de Isaac Newton.

Indirectamente con la definición del tiempo, se adelantó gran parte de la problemática de hacer conversar el universo DOT con relatividad general, al definir que la materia al ser atravesada por los cascarones esféricos en la materia se produce una caída de potencial del campo de tiempo universal. Como la materia ordinaria se ubica en los cascarones del presente, la caída de campo de potencial de tiempo universal se manifiesta con una deformación de la onda esférica hacia el pasado, entre más materia está cohesionada como planeta, esta diferencia de potencial en el universo real el de geometría de cubo, se suma la caída de potencial, a eso la denominamos gravedad, porque estas diferencias de potencial de la materia se atraen con las leyes de atracción de campos de tiempo universal.

Conclusión

Lo que propone este trabajo es un laboratorio mental teórico para poder explorar alternativas de nueva física. Este laboratorio es un universo y sistema de coordenadas de nombre universo DOT, en el se han tratado de probar la aplicación de relatividad especial y general, pero queda la formulación matemática en detalle, la hipótesis que se concluye de este documento es: Un espacio de tres dimensiones solo se puede doblar en un espacio de 6 dimensiones y el tiempo coordenado es función de las tres dimensiones adicionales. En general en un espacio de n dimensiones solo se puede doblar en un espacio de 2n dimensiones y el tiempo es coordenado es función de los vectores de las n dimensiones auxiliares.

Bibliografía

- Curso Relatividad General de Javier García, 60 capítulos en YouTube, en especial capítulo 18 al 23 espacio Tiempo Minkowsky, capitulo 30 Espacio Tiempo de Scharzschild
- Curso de Mecánica Javier García, 40 capítulos
- Libro de Nombre: ¿Dónde está mi hijo? de los mismos autores de este trabajo.

www.ingramcontent.com/pod-product-compliance
Lightning Source LLC
Chambersburg PA
CBHW052253220526
45471CB00001B/314